# As origens do homem explicadas para crianças

FUNDAÇÃO EDITORA DA UNESP

*Presidente do Conselho Curador*
Mário Sérgio Vasconcelos

*Diretor-Presidente*
José Castilho Marques Neto

*Editor-Executivo*
Jézio Hernani Bomfim Gutierre

*Assessor editorial*
João Luís Ceccantini

*Conselho Editorial Acadêmico*
Alberto Tsuyoshi Ikeda
Áureo Busetto
Célia Aparecida Ferreira Tolentino
Eda Maria Góes
Elisabete Maniglia
Elisabeth Criscuolo Urbinati
Ildeberto Muniz de Almeida
Maria de Lourdes Ortiz Gandini Baldan
Nilson Ghirardello
Vicente Pleitez

*Editores-Assistentes*
Anderson Nobara
Fabiana Mioto
Jorge Pereira Filho

Pascal Picq

# As origens do homem explicadas para crianças

Tradução
Sabrina M. Aragão

© 2012 Editora Unesp

Direitos de publicação reservados à:
Fundação Editora da Unesp (FEU)
Praça da Sé, 108
01001-900 – São Paulo – SP
Tel.: (0xx11) 3242-7171
Fax: (0xx11) 3242-7172
www.editoraunesp.com.br
www.livrariaunesp.com.br
feu@editora.unesp.br

CIP – Brasil. Catalogação na fonte
Sindicato Nacional dos Editores de Livros, RJ

P666o

Picq, Pascal G.
 As origens do homem explicadas para crianças / Pascal Picq; tradução Sabrina M. Aragão. – São Paulo: Ed. Unesp, 2012.
 162p.

 Tradução de: *Les origines de l'homme expliquées à nos petits-enfants*
 ISBN 978-85-393-0267-3

 1. Evolução humana. 2. Homem - Origem. I. Título.

| 12-5342. | CDD: 599.938 |
|---|---|
|  | CDU: 599.89 |

Editora afiliada:

# Sumário

Prólogo 7

Em direção às origens da linhagem humana 11

I. O homem não descende do macaco! 11
  O lugar do homem na natureza 11

II. Do elo perdido ao último ancestral comum 21
  A etologia e as ciências cognitivas 33
  Genes e neurônios 45
  A sociobiologia e a psicologia evolutiva 55

III. LUCA ou o retrato de nossas origens 73

# A evolução da linhagem humana   77

### I. Os primeiros hominídeos   77
*Orrorin, Toumaï*, Ardi e Cia.   77
Lucy e os australopitecos   88

### II. "Os primeiros homens" e os parantropos   97
Mudanças climáticas no planeta   97
O desaparecimento dos parantropos   99
"Os primeiros homens" são homens?   103

### III. A evolução do gênero *Homo*   110
A expansão do gênero *Homo*; do lado do nascente   128

### IV. Os homens de Neandertal e de Cro-Magnon   133
Origens e expansão do *Homo sapiens*   140
O fim da Pré-História   152

# Prólogo

*De onde vem o homem?* E o que é que mais diferencia o homem das espécies mais próximas a ele na natureza atual, como os chimpanzés? Há algumas décadas, as pesquisas sobre nossas origens e nossa evolução enriqueceram-se com novos fósseis, como *Toumaï* ou Ardi, mas também com avanços espetaculares em genética, linguística e na etologia dos grandes macacos, isto é, o estudo de seu comportamento, sua vida social, suas tradições culturais, sua inteligência etc. As crianças inteiram-se dessas descobertas sem dificuldades, sem nenhum conhecimento prévio, quando mostramos a elas o quanto os chimpanzés são próximos de nós, usam ferramentas, riem, choram... De qualquer forma, até certa idade, pois as crianças crescem e, avançando em seus estudos, encontram outros ensinamentos no que tange à filosofia, à religião e às ciências humanas. Suas capacidades científicas naturais, inatas, de se maravilhar com as coisas da natureza, do mundo, da evolução, ofuscam-se. Segundo a expressão de um filósofo contemporâneo, a educação se torna uma "domesticação da racionalidade". Assim, o que era espanto, abertura, surpresa, torna-se rejeição, anátema, escândalo – às vezes raiva e inquisição.

Este livro dá sequência a *Darwin et l'évolution expliques à nos petits-enfants* [Darwin e a evolução explicados às nossas crianças], dois livros escritos para uma dupla comemoração pelo ano de 2009, "o ano Darwin". O primeiro homenageia o nascimento do grande homem da ciência, em fevereiro de 1809, e este festeja o 150º aniversário da publicação de *A origem das espécies e a seleção natural*, em novembro de 1859. A imensa obra darwiniana distingue-se por duas grandes contribuições: *A origem das espécies*, de 1859, e, duas décadas mais tarde, *A origem do homem e a seleção sexual*, de 1871, seguida de *A expressão das emoções no homem e nos animais*, de 1872. Esses dois últimos livros propõem um programa científico sobre as origens naturais do homem, ora pela sua biologia – esqueleto, locomoção, fisiologia, tamanho do cérebro... – ora por seus comportamentos e capacidades cognitivas consideradas superiores, como os fundamentos da moral. Mesmo os seguidores mais fiéis de Darwin, como Alfred Russel Wallace, cofundador da teoria da evolução pela seleção natural, e Thomas Huxley, hesitaram em ir tão longe. Esse programa de pesquisa foi apresentado somente há um quarto de século e ainda está bem longe de ser aceito.

Este meu segundo livro em homenagem a Charles Darwin apresenta as perspectivas atuais sobre as origens e a evolução da linhagem humana, inserindo-se no quadro da *Antropologia evolucionista*, uma antropologia que abarca todas as ciências do homem e se insere nas teorias modernas da evolução. Delineia-se outra visão de nossas origens, não mais ocultada pela vergonha, mas esclarecida pelos conhecimentos, como o olhar de uma criança descobrindo o mundo. Aliás, como nas mais belas histórias: "Era uma vez a evolução do homem".

*Pascal Picq*
*Foulangues, novembro de 2009*

# Em direção às origens da linhagem humana

## 1. O homem não descende do macaco!

— *Você prometeu me falar da evolução do homem, e é por isso que eu vim.*

— Estou contente que tenha vindo, pois quero muito lhe falar a respeito dos avanços das teorias da evolução desde Darwin, principalmente a respeito das origens do homem.

### O lugar do homem na natureza

— *Então, o homem descende do macaco?*

– Eis aí uma expressão inoxidável! Há um século e meio, uma nobre senhora inglesa, *lady* Worcester, espantando-se com a teoria da evolução de Charles Darwin, disse: "Assim, o homem descenderia do macaco, contanto que isso não fosse verdade. Mas, se for esse o caso, rezemos para que não se saiba".

*– E então?*

– Não é preciso rezar, pois o homem não descende do macaco, ele faz parte do grupo dos macacos ou, em termos científicos, dos macacos antropoides ou, ainda, dos símios. O problema é que nesse tipo de expressão está claro que se fala do homem, mas de quais macacos? O macaco da linguagem comum, aquele dos filósofos ou teólogos, ou ainda os macacos dos naturalistas? O que você acha?

*– Eu não sei de nada. Mas o que é um macaco, então?*

– Você terá de aprender a se expressar de modo diferente. Deixemos o macaco aos teólogos e filósofos e vamos nos interessar pelos macacos e símios. Preciso falar da classificação das espécies, pois, sem isso, não se pode compreender nada da evolução.

*– Estou achando que isso vai ser difícil.*

– É preciso observar, comparar e classificar as espécies umas em relação às outras. Para começar, vamos nos limitar à anatomia, isto é, ao corpo, do esqueleto até os dentes. Vamos lá?

*– Estou ouvindo.*

– Os homens e os macacos fazem parte dos primatas, que é a ordem dos mamíferos adaptados à vida nas árvores.

*– Como os esquilos e os bichos-preguiça?*

– Nessa você me pegou. Na verdade, não se define um grupo de forma tão simples. Os primatas possuem cinco dedos nas extremidades dos membros, terminados por unhas. O primeiro é mais curto, mais forte e se desloca, o que permite agarrar os galhos. Assim, você pode esquecer os esquilos e os bichos-preguiça. No que se refere ao crânio, os primatas possuem uma grande quantidade de dentes, 36 nos macacos da América do Sul e 32 em todos os outros macacos, como os babuínos, os chimpanzés e os homens.

*– Eu não tenho 32 dentes!*

– Quando for adulto, naturalmente você terá 32 dentes; em cada lado do maxilar, dois incisivos, um canino, dois pré-molares e três molares. Você multiplica por quatro e terá 32 dentes. Atualmente, todos os macacos da África, Ásia e Europa – cerca de uma centena de espécies de primatas, incluindo o homem – possuem a mesma arcada dentária, uma característica herdada do mais antigo fóssil de macaco conhecido, dito "moderno": o *Aegyptopithecus zeuxis*, encontrado no Egito, com idade de 32 milhões de anos. Entre os primatas, particularmente os macacos, os olhos se situam em cada lado da raiz do nariz, e não distanciados para os lados, o que permite uma ótima visão de relevos e cores. Comparados aos mamíferos de mesma dimensão corporal, como os cães, eles possuem um cérebro maior, que condiz com vidas sociais muito ativas.

– *Mas há outros animais ativos e sociáveis, como os lobos, por exemplo.*

– Classificar as espécies não é assim tão simples. É a tarefa de uma disciplina chamada *sistemática*, ou ciência das classificações. É evidente que gatos, tigres, leões e muitos outros animais pertencem ao mesmo grupo: a família dos felídeos, ou felinos, na linguagem comum. O mesmo vale para cães, raposas, lobos e chacais, que representam a família dos canídeos ou caninos. Tudo isso é bom-senso. Mas o bom-senso fica comprometido quando olhamos mais de perto.

*– É o caso dos macacos?*

– Há mais de 250 anos sabemos que o homem faz parte da ordem dos primatas, que abrange os macacos, os grandes macacos, os lêmures de Madagascar e outras espécies menos conhecidas; atualmente, há cerca de 200 espécies na natureza que vivem nas florestas da Zona Tropical.

*– Por que nessas florestas?*

– Porque os primatas dependem das árvores para se alimentar – a evolução deles ocorreu com a das árvores que dão flores e frutos. Somente nessas florestas é que eles encontram frutas, folhas e insetos o ano todo. Eles não poderiam sobreviver nas florestas da Europa, onde as árvores perdem as folhas durante a estação fria. Voltando à sistemática, classicamente distinguiam-se os pré-macacos dos macacos ou, em termos mais corretos, os prossímios dos símios.

No primeiro grupo, encaixavam-se lêmures, lóris, gálagos, *aye-ayes* e társios; no outro, macacos, grandes macacos e o homem. À primeira vista, parecia coerente. Mas tudo isso foi modificado por uma classificação mais precisa que estava bem debaixo do nosso nariz.

– *Como assim?*

– Todos os mamíferos têm um focinho que termina em uma espécie de trufa, o *rhinarium*, recoberto por uma pele ou mucosa, como a dos lábios, frequentemente úmido e de temperatura mais fria. É o caso dos prossímios, com exceção dos társios. Quanto a estes e aos símios, todos possuem um nariz. A "trufa" desapareceu e as aberturas nasais, ou narinas, são cobertas pela mesma pele do resto do rosto. As vibrissas, aqueles pelos longos, rígidos e táteis, também desapareceram. Trata-se de uma característica evoluída que nós compartilhamos com os társios; apesar da aparência, eles são mais próximos de nós, macacos e homens, do que os lêmures.

– *Então como devemos chamá-los?*

– Os primatas com "trufa" – característica arcaica ou antiga entre os mamíferos – são os estrepsirrinos, e aqueles com nariz – característica evoluída ou derivada –, os haplorrinos. É um bom exemplo do modo como classificamos as espécies, não a partir de suas aparências, mas de características evoluídas partilhadas. Com isso queremos dizer que todo o grupo dos haplorrinos descende de um mesmo ancestral que desenvolveu um nariz.

*– E ele é conhecido?*

– Possivelmente, graças a um magnífico fóssil descrito recentemente: uma fêmea chamada Ida e datada de 47 milhões de anos. Seu nome verdadeiro é *Darwinius massillae*, em homenagem ao bicentenário de Darwin.

*– Mas isso não muda muita coisa em relação a nós e aos macacos?*

– Estamos chegando lá. Entre os haplorrinos, distinguem-se os macacos da América do Sul ou Novo Mundo, e os macacos da África, Europa e Ásia, o Velho Mundo. Os primeiros têm o nariz com uma separação significativa entre as narinas: são os platirrinos; os segundos têm narinas muito próximas, são os catarrinos.

– *Você tem certeza? Porque eu tenho a impressão de que os gorilas têm um nariz bem grande.*

– Eles têm narinas grandes, mas próximas uma da outra. Você pode conferir.

– *Mas os homens também podem ter narizes grandes.*

– É verdade que o homem se distingue, dentre os catarrinos, por um nariz saliente e estreito, mas sempre com as narinas aproximadas. Entre os catarrinos, interessam-nos outras características. Nós os separamos em duas superfamílias: de um lado, os "macacos com cauda" ou cercopitecoides e, de outro, os "macacos sem cauda" ou hominoides. Os cercopitecoides reúnem uma centena de espécies atuais: babuínos, macacos japoneses, macacos indianos, colobos, cercocebos, cercopitecos etc. Os hominoides englobam os gibões e os siamangos da Ásia, os orangotangos de Bornéu e Sumatra, os chimpanzés, os gorilas da África e o homem. A característica que distingue os hominoides dos outros macacos é a perda da cauda.

– *Hominoide quer dizer "que se parece com o homem"?*

– Exatamente. São os "grandes macacos", de grande estatura e que, por causa disso, locomovem-se acima dos galhos, suspendendo-se neles. Se você fizer um corte no corpo de um mamífero qualquer no nível da caixa torácica, verá que ela é estreita de um lado ao outro, e profunda entre a coluna vertebral e o esterno; as omoplatas fixam-se na lateral. É assim em todos os mamíferos que se locomovem sobre quatro membros. É o caso de todos os macacos cercopitecoides. A anatomia da caixa torácica dos hominoides é bem diferente, pois é larga de um lado ao outro e pouco profunda entre a coluna vertebral e o esterno. As omoplatas ficam no dorso, as clavículas são longas e as articulações do ombro são orientadas para o alto. Assim, eles podem se suspender em seus longos braços. A parte de baixo do dorso é curta – com quatro ou cinco vértebras – e a cauda desapareceu, ficou reduzida a um pequeno cóccix. Você não se reconhece nessa descrição?

*– Claro, e, se eu entendi bem, há macacos, na verdade grandes macacos, que são mais próximos de nós que outros macacos! Dizer que "o homem desce do macaco", então, não faz nenhum sentido.*

– Já se sabia, desde o século XVIII, que os chimpanzés e os orangotangos se pareciam mais com o homem que outros macacos, o que fascinava os naturalistas e filósofos. Mas – e aí está uma história pouco provável –, quando se começa a compreender que essas semelhanças podem significar que temos uma história comum com os grandes macacos, também chamada de evolução, diz-se que "o homem descende do macaco" para separar melhor os macacos, e portanto os grandes macacos, de nossas origens.

– *E hoje em dia?*

– Admitimos, enfim, que o homem e os grandes macacos são muito próximos uns dos outros. Mas, como nós veremos, mesmo os paleoantropólogos ainda têm dificuldades em compreender até que ponto os chimpanzés são parecidos conosco, o que abala muito as ideias quanto às nossas origens. Antes disso, preciso lhe contar a lenta evolução das nossas ideias a respeito da história de nossa linhagem desde que Charles Darwin publicou seu livro sobre a origem das espécies, em 1859.

– *Darwin fala sobre a evolução do homem?*

– Ele se preserva de tocar nessa questão tão delicada. Ele se contenta em escrever que "a termo, teremos uma luz a respeito das origens do homem". Todos haviam entendido e, evidentemente, o escândalo foi imediato. É uma verdadeira revolução do pensamento a respeito do homem.

## II. Do elo perdido ao último ancestral comum

– *O que é essa revolução?*

– Ela é anunciada no livro *A origem do homem e a seleção sexual*, de 1871, e em *A expressão das emoções no homem e nos animais*, de 1872. Essa revolução diz respeito, de um lado, às nossas relações de parentesco com os grandes macacos africanos e nossas origens africanas e, de outro lado, às origens de nossos comportamentos sociais e nossas capacidades mentais ou cognitivas. Mas, em vez de seguir Darwin, inventaram a ideia de "elo perdido" e afastaram os grandes macacos africanos de nossas origens comuns.

– *E o que seria esse "elo perdido"?*

– Tanto ontem como atualmente persiste o esquema da escala natural das espécies, que se apresenta como uma longa fila em que, à esquerda, estão as espécies mais arcaicas e, progressivamente em direção à direita – como no sentido da leitura –, estão as formas cada vez mais evoluídas: pré-macacos, macacos, grandes macacos e o homem. Em outras palavras, e em termos mais científicos: primatas → prossímios → símios → hominoides → homem. Trata-se de uma concepção gradual da evolução, e cada etapa representa um grau. O elo perdido se situa entre os dois últimos graus: os grandes macacos e o homem.

*– Então, um grau é como um "degrau de escada" das espécies?*

– Exatamente. Isso significa que o "grau homem" ou sua família é o grau mais evoluído, seguido do "grau grande macaco" ou hominoide, mais primitivo, que é seguido do "grau macaco" ou símio, ainda mais arcaico, e assim por diante, descendo a sucessão gradual. O problema é que a teoria sintética da evolução retoma a inoxidável escala das espécies, o que dá a *sistemática evolutiva*. As espécies são classificadas, às vezes, a partir de suas semelhanças e também por meio de uma ideia preconcebida da evolução gradual.

— *E isso dá uma falsa ideia das origens do homem?*

— É o mínimo que se pode dizer, e ainda não saímos dessa ideia. Mais uma vez, Darwin não foi bem lido. Ele diz claramente que as classificações são consequência de uma história, a evolução, e que as semelhanças entre as espécies exprimem relações de parentesco.

— *Eu não vejo diferença.*

— Você tem um irmão ou uma irmã?

— *Sim.*

— Você concorda que ele ou ela é a pessoa que mais se parece com você no mundo?

— *Claro!*

— E por quê?

— *Isso é fácil, porque nós temos os mesmos pais.*

— Bem, Darwin diz que o que ocorre entre as espécies é exatamente parecido. Com a *sistemática evolutiva,* você dirá que descende do seu irmão ou da sua irmã; com a sistemática proposta por Darwin, que atualmente é chamada de *sistemática filogenética,* você dirá que você e seus irmãos descendem dos mesmos pais.

– *Sistemática filo o quê?*

– Filogenética. A sistemática filogenética, também chamada de cladística, classifica as espécies segundo suas relações de parentesco, as quais se baseiam, como vimos, no compartilhamento exclusivo de características evoluídas ou derivadas. Abandonam-se os *graus* e pesquisam-se as *clades*.

– *De novo esses nomes complicados.*

– O que é complicado para nossos pequenos espíritos humanos é renunciar àquilo que julgamos conhecer para aceitar outro conhecimento. A sistemática filogenética significa a tentativa de reconhecer as linhagens das espécies, as clades, e compreender como essas linhagens são separadas umas das outras. As relações entre essas clades desenham uma árvore de parentesco entre as linhagens, de onde vem o nome sistemática filogenética ou cladística.

– *Como uma árvore genealógica?*

– Ótima comparação. Seja nas grandes famílias da história ou na sua, a sucessão dos pais e dos filhos é representada por uma árvore de família, mas, entre os estudiosos da sistemática, ela é chamada de árvore filogenética. Nossa história de família se constrói com os grandes macacos atuais, nossos irmãos e primos de evolução.

*– Eles são tão próximos assim de nós?*

– Ah, sim! Desde os anos 1960 – logo, um século depois da publicação de *A origem das espécies* –, as espécies são comparadas e classificadas não somente com base nas características dos dentes, ossos ou órgãos, mas também a partir dos grupos sanguíneos e de todos os tipos de moléculas, como aquelas do sangue que servem para nos defender contra as doenças. Também são feitas com os cromossomos e, atualmente, com aquilo que chamamos de sequenciamento do genoma. É a *sistemática molecular*, que, sem querer complicar as coisas, faz parte da *sistemática filogenética*.

*– E então?*

– O homem, os chimpanzés, os gorilas e os orangotangos formam um grupo de espécies muito próximas umas das outras, chamado hominoides. Até aí, nada de novo. Mas é no meio desse grupo que tudo se embaralhou. Aparentemente, os chimpanzés e os homens são mais próximos uns dos outros do que dos gorilas, enquanto o ramo mais afastado é o dos orangotangos. Os homens, os chimpanzés e os gorilas formam a clade ou a linhagem dos grandes macacos africanos chamados hominídeos; os orangotangos representam a linhagem ou clade dos grandes macacos asiáticos, os pongídeos.

– *E o que isso muda em relação à sistemática evolutiva?*

– Antes, o homem era o único hominídeo, enquanto todos os grandes macacos encontravam-se no grau dos pongídeos. Logo, os mesmos termos ou categorias de classificação – chamados táxons – não possuem o mesmo significado de acordo com o tipo de sistemática, pois o *grau dos hominídeos* não é de forma alguma a *clade dos hominídeos*. Outra grande mudança com a sistemática filogenética, apoiada pela sistemática molecular, é que, no meio da clade dos hominídeos africanos, o homem e os chimpanzés são mais próximos uns dos outros que dos gorilas. Assim, dizendo em termos mais coloquiais: os chimpanzés são nossos irmãos de evolução, pois os gorilas são nossos primos, assim como são primos dos chimpanzés; quanto aos orangotangos, eles são os primos afastados de todos os grandes macacos africanos, incluindo o homem, é claro.

— *Eu entendo, mas o que isso muda em relação às origens do homem?*

— Em vez de procurar reconstruir uma história já escrita – a escala natural das espécies – podemos pensar hipóteses sobre nossas origens. Se, como pensava Darwin ao se referir aos trabalhos a respeito dos grandes macacos de seu amigo Thomas Huxley, os chimpanzés e os gorilas são mais próximos de nós do que os outros grandes macacos, isso implica que nós compartilhamos um último ancestral comum, o LUCA.

— *LUCA?*

— LUCA, da sigla em inglês *Last Universal Common Ancestor* [Último Ancestral Universal Comum]. A sistemática filogenética permite pensar hipóteses sobre três aspectos de nossas origens: a geografia, a idade e a identidade do LUCA. Sobre a geografia: é evidente que, se nós temos um LUCA com os chimpanzés dos dias atuais, as populações desse LUCA necessariamente separaram-se no passado pelas regiões geográficas vizinhas. Quanto às nossas origens, é um pouco complicado, pois o homem está em todos os lugares da Terra. Mas nossos irmãos de evolução, os chimpanzés, vivem na África, e é provável que nossas origens sejam africanas.

– *Mas os ancestrais deles também podiam migrar.*

– Devo lembrar que se trata de uma hipótese que precisa ser verificada, e esse é o papel da paleontologia, que pesquisa os fósseis. Também assinalo que isso não significa que os chimpanzés não evoluíram, mas a evolução deles estaria limitada à África. Em todo caso, é a hipótese que Darwin fez em 1871, e nós esperamos quase um século para verificá-la. Para ser exato, é a descoberta de um australopiteco robusto por Mary e Louis Leakey, ao lado de ferramentas de pedra lascada, em Olduvaí, na Tanzânia, em julho de 1959, que abre a grande aventura científica de nossas origens africanas.

– *É exatamente no centenário de* A origem das espécies!

– Louis Leakey leu muito bem Darwin, que havia formulado a boa hipótese. Por

As origens do homem explicadas para crianças

esta descoberta formidável, Leakey recebeu o apelido de "Darwin africano"! Passemos agora à estimativa da idade do LUCA. Nossos colegas geneticistas criaram modelos que permitem propor idades pela separação das linhagens. Mais uma vez, o princípio é muito simples. Se você é mais próximo do seu irmão ou irmã, é porque vocês compartilham uma quantidade maior de características genéticas vindas dos seus pais. Em seguida, vêm seus primos, dessa vez pelas características compartilhadas herdadas dos seus avós. Depois disso, vêm seus primos distantes, baseados nas características legadas por seus bisavós, e assim por diante. Quanto mais os indivíduos se parecem, como os irmãos e as irmãs, mais eles compartilham características genéticas; mas quanto mais distantes são as relações de parentesco, menos características genéticas comuns existem. É fácil de entender: quanto mais tempo separados, mais cada linhagem acumulou características genéticas diferentes, ou, dito de outra forma, sofreu mutações; é o *relógio molecular.*

– *E como isso funciona?*

– Bem, não se trata de um ponteiro que faz tique-taque, mas de mutações genéticas.

*– E é um tique-taque regular?*

– Sua pergunta me leva a falar sobre uma teoria surgida nos anos 1970, a *teoria neutralista da evolução*. Em todas as áreas da ciência, os conhecimentos avançam às vezes muito rapidamente, como na genética. Os geneticistas perceberam que uma única parte do nosso genoma contém genes, isto é, os segmentos de cromossomos que dão as características. Essas características, como vimos, serão confrontadas com a seleção natural: algumas serão selecionadas, outras não. Mas ao lado desses genes encontram--se longos segmentos de cromossomos que não se exprimem. Eles são, então, neutros e podem sofrer mutações sem estar subordinados à seleção natural: é a teoria neutralista da evolução. Supõe-se que essas mutações se produzem mais ou menos regularmente, mas não no mesmo ritmo, seguindo as regiões do genoma. O fato de serem neutras não garante a precisão de um relógio suíço, mas permite fazer estimativas a respeito da época da separação entre duas linhagens.

*– E quanto dá entre os chimpanzés e os homens?*

As origens do homem explicadas para crianças

– Uma margem entre 5 e 10 milhões de anos, com uma estimativa forte entre 5 e 7 milhões de anos. Logo, graças à sistemática filogenética, propõe-se uma hipótese dupla: a linhagem humana e a dos chimpanzés teriam se separado em algum lugar da África entre 5 e 7 milhões de anos atrás. Resta a terceira consequência: reconstituir o LUCA. Você deve estar bem em dúvida agora; ele não se parecia nem com o homem, nem com o chimpanzé dos dias atuais. É como entre os seus irmãos e irmãs e os seus pais. Pode acontecer de um filho se parecer mais com um ou outro dos pais, mas de toda forma ele é diferente dos dois. É a mesma coisa com o LUCA dos homens e dos chimpanzés: é possível que ele se parecesse mais com um que com o outro, mas, de todo modo, não era nem homem, nem chimpanzé.

– *Isso parece evidente.*

– Na verdade, isso não é tão evidente, e os paleoantropólogos tiveram muitas dificuldades de sair do modelo antigo. Eles sempre têm a tendência de ver no chimpanzé uma imagem do ancestral, com a busca impossível pelo elo perdido.

– *Então o LUCA e o elo perdido não são a mesma coisa?*

– O elo perdido seria uma forma intermediária entre o grau dos grandes macacos parcialmente eretos que vivem nas florestas e o grau da família do homem com os ancestrais bípedes que andam pelas savanas. Assim, o roteiro de nossas origens já está escrito: nosso ancestral – o elo perdido – sai da floresta obscura e primitiva, embrenha-se na claridade da savana, livra-se da condição animal etc. Com tal esquema em mente, as origens da linhagem humana implicam a aquisição do bipedismo no momento da passagem da floresta para a savana.

– *É o que a gente vê no filme* A odisseia da espécie![1]

– Você entendeu muito bem. Quanto ao LUCA, ele se insere na sistemática filogenética. Nós abordamos uma contribuição muito importante da sistemática filogenética: a reconstrução do LUCA. Mas, para isso, é preciso conhecer nossos irmãos de evolução, os grandes macacos africanos e,

---

1 Trata-se de um documentário veiculado pela TV francesa.

particularmente, os chimpanzés. Por causa do esquema arcaico da escala natural das espécies e da expressão "o homem descende do macaco", não houve interesse pela vida desses grandes macacos. A etologia é uma grande aventura científica suscitada por Darwin, mas que só terá início após o centenário da publicação de *A origem das espécies*.

## A etologia e as ciências cognitivas

*– O que significa esse termo, "etologia"?*

– Ele vem do grego *ethos*, que quer dizer "costumes e hábitos", o que também origina *ética*, que designa a "maneira de se comportar bem em conjunto, com a moral". O termo *etologia* foi criado por Étienne Geoffroy Saint-Hilaire, em 1854. Só uma pequena história: foi ele quem deu o nome oficial do gorila – *Gorilla* – em 1852.

*– Eu assisti à última versão de* King Kong, *e o grande gorila não é assim tão mau!*

– É que nesse meio tempo a etologia se consolidou, e o diretor do filme, Peter Jackson, levou isso em conta. Além disso, houve outros filmes formidáveis, como *Nas montanhas dos gorilas*, a respeito da vida trágica de Dian Fossey.

– *Quem foi Dian Fossey?*

– Uma grande etóloga que estudou os gorilas das montanhas de Ruanda. Ela faz parte de um pequeno grupo de mulheres extraordinárias, como Jane Goodall, Biruté Galdikas entre outras, cujas pesquisas abalaram as origens de nossa linhagem. Elas são chamadas "os três anjos de Leakey", pois foi ele quem as apoiou em seus estudos, tão difíceis, a respeito dos gorilas, chimpanzés e orangotangos em seus *habitats* naturais.

– *Elas foram as primeiras?*

– A história da etologia é recente. Houve trabalhos importantes desde o início do século XX, mas o grande salto da disciplina se deu nos anos 1950, com as equipes japonesas, norte-americanas e inglesas.

– *E os grandes macacos? Aliás, por que "grandes" macacos?*

– Os maiores macacos cercopitecoides não ultrapassam os 40 ou 50 quilos. Entretanto, os chimpanzés, os gorilas, os orangotangos e os homens são maiores e mais pesados.

Os mais corpulentos são os gorilas, com machos de estatura média de 1,80m e peso entre 160 e mais de 200 quilos. As fêmeas não ultrapassam 1,50m e pesam duas vezes menos. Em seguida vem o homem com, em média, estaturas entre 1,65 e 1,80m e peso entre 60 e 80 quilos, enquanto as mulheres são, em geral, mais baixas e menos corpulentas. Logo depois vêm, em ordem de altura decrescente, os orangotangos. Os machos medem menos de 1,10m com peso entre 70 e 90 quilos. As fêmeas são bem menores, com cerca de 80 a 90 centímetros e 40 a 50 quilos. Trata-se de médias e, como você sabe, existem grandes variações em torno desses números. Em biologia, é a média que importa. Você está reparando que a diferença de tamanho entre os dois sexos é bem mais significativa nos gorilas que nos homens, o que é chamado de *dimorfismo sexual.*

– *É estranho, pois eu achava que eles fossem bem maiores.*

– Não nos damos conta de que o homem é uma das espécies animais mais altas que já viveram na Terra. Passemos aos chimpanzés, os menores dos grandes macacos atuais. Há dois tipos de chimpanzés: os robustos e os gráceis.

*– E os bonobos?*

– São os chimpanzés gráceis, também chamados erroneamente de chimpanzés anões. Para facilitar a exposição, direi chimpanzés robustos (*Pan troglodytes*) e bonobos para os chimpanzés gráceis (*Pan paniscus*). Há grandes variações de tamanho corporal entre as diferentes populações de chimpanzés robustos. Em média, os machos medem entre 90 e 100cm e pesam entre 40 e 60 quilos. As fêmeas raramente ultrapassam 80cm e pesam de 30 a 40 quilos. Quanto aos bonobos, eles são mais longilíneos, com um crânio menor, e o peso deles se compara ao dos outros chimpanzés (não os mais pesados, é claro). O dimorfismo sexual é mais marcado entre os chimpanzés robustos que entre os gráceis. Sinto muito por essa pequena palestra, mas precisaremos disso para reconstituir o LUCA e compará-lo com os representantes fósseis mais antigos da linhagem humana.

*– Como vivem esses grandes macacos?*

– Vamos nos interessar apenas pelos grandes macacos africanos. Os gorilas vivem, principalmente, em pequenos grupos, mais ou menos isolados uns dos outros, na maioria das vezes com um macho rodeado por várias fêmeas, o chamado harém, e às vezes com dois machos, um pai e seu filho mais velho, mas isso é raro. Na verdade, eles não têm um território. A dieta alimentar deles é composta principalmente de folhas, cascas de árvores e frutas. Os maiores são os gorilas das montanhas, que vivem no leste do Congo, em Ruanda e em Burundi, onde encontram apenas alimentos fibrosos: folhas, trepadeiras e cascas de árvores. Os gorilas da planície, um pouco menores, consomem muito mais frutas. A vida social dos gorilas é simples e pacífica; os grandes machos protegem o grupo contra as agressões e mantêm a harmonia em seu meio.

– Nada a ver com o King Kong! E os chimpanzés?

– Eles vivem em comunidades compostas de dezenas de indivíduos, com vários machos e fêmeas adultos e seus filhotes. É exatamente como nas sociedades humanas antes da criação das cidades. Melhor ainda, nessas sociedades, os machos são aparentados. Isso quer dizer que eles passam toda a vida no grupo onde nasceram e permanecem no mesmo território. Em contrapartida, são as fêmeas que deixam a comunidade para se reproduzir, no final da adolescência. Ocorre o mesmo nas sociedades humanas tradicionais, em que, em geral, no momento do casamento, a mulher deixa sua família para viver com seu marido.

– *É assim com todos os macacos?*

– Pelo contrário. Observa-se em quase todas as espécies, como os babuínos, em que as fêmeas permanecem juntas, enquanto os machos migram no final da adolescência. Há poucas exceções, incluindo as sociedades de chimpanzés e as sociedades humanas.

– *Os chimpanzés só comem bananas?*

– Os chimpanzés comem frutas, às vezes flores e folhas novas, e insetos. Eles caçam pequenos antílopes, lebres, pequenos porcos e também outros macacos, como os colobos comedores de folhas. Certas comunidades praticam mais a caça que outras. Eles não se cumprimentam ou catam piolhos da mesma forma de um grupo para outro, exatamente como as populações humanas, em que, aqui ou ali, a gente dá as mãos, se abraça... O mesmo vale para os hábitos alimentares, pois as populações de chimpanzés do oeste da África utilizam ferramentas de pedra para quebrar castanhas e caçam com bastante frequência, o que não é o caso das populações do leste. Nas populações vizinhas, prefere-se comer cupins em vez de formigas, ou o contrário. Esses hábitos alimentares são aprendidos, como entre nós. Os chimpanzés utilizam sessenta tipos de ferramentas vegetais – gravetos, bastões de madeira, folhas, cascas de árvores... – e, em algumas populações, pedras para quebrar castanhas muito duras. Em razão de todas essas diferenças entre as comunidades, falamos de culturas.

*– Então, quando se diz que "o homem é a ferramenta" não é verdade?*

– Sempre podemos discutir a respeito das definições, mas os chimpanzés utilizam e fabricam ferramentas. O mais impressionante é que Darwin fala sobre isso mais de uma vez em seu livro de 1871, e que ninguém revelou ou quis revelar. A ideia de cultura entre os chimpanzés foi fortemente estabelecida em um artigo de 1999, no qual os etólogos fizeram comparações entre diferentes comunidades estudadas há pelo menos vinte anos. Ainda mais recentemente, foram descobertos sítios arqueológicos na Costa do Marfim com pedras que serviam para quebrar castanhas. Elas datam de mais de 6 mil anos, e isso significa que os chimpanzés dessa época, os mesmos dos dias atuais, quebravam castanhas com o auxílio de pedras, e que essa prática, transmitida por tradição, é multimilenar.

– *Mas a cultura é apenas o instrumento de pedra?*

– Acabamos de ver como, nas culturas humanas, as formas de comer, de se limpar, de se cumprimentar, de catar piolhos, de seduzir as fêmeas, de comer esse ou aquele tipo de comida diferem de um grupo a outro, e essas diferenças são adquiridas segundo as tradições de cada comunidade. São os fundamentos das culturas.

– *Você tem certeza de que estamos falando de cultura?*

– O que os etólogos chamam de comportamento cultural é a invenção de novos comportamentos que se difundem no grupo, são transmitidos de geração em geração (o que é chamado de tradição) e passam por modificações ao longo das gerações e entre os grupos. Esses comportamentos não estão inscritos nos genes. Eles são transmitidos e aprendidos no grupo social. A gente fala de cultura, de acordo com uma definição muito simples, mas, se chamarmos de outra forma, não continuará sendo uma questão de definição?

– *Então para os chimpanzés só falta a fala.*

– Vários programas de pesquisa com chimpanzés, bonobos e também com alguns gorilas e orangotangos revelaram que eles aprendem facilmente a linguagem dos homens ensinada por sinais, como a dos surdos-mudos, ou com o auxílio de símbolos, como desenhos inscritos no teclado de um computador. Eles chegam até mesmo a aprender mais rápido do que os pequenos humanos de até dois anos, depois ficam estagnados, enquanto os pequenos humanos progridem muito rápido depois dessa idade.

– *Então nós somos mesmo mais capacitados para a fala!*

– Evidentemente, pois é a nossa linguagem. Mas seríamos tão capacitados para nos exprimir como eles? Eu não estou dizendo que eles têm meios de comunicação tão complexos quanto os nossos, mas nós os julgamos segundo nossos critérios humanos, e nenhum animal, por mais capacitado que seja, pode ser tão humano quanto nós. Essas experiências nos revelam que os grandes macacos, principalmente os chimpanzés, compartilham conosco capacidades mentais – ditas cognitivas – muito complexas. A linguagem deles não vai além do que chamamos de "linguagem de Tarzan", que permite expressar coisas simples: desejos, vontades, raiva, necessidades... Mas é considerável! Além disso, nossa linguagem não expressa todas as formas do pensamento, nem todas as formas de inteligência. Os chimpanzés envolvem-se em intrigas sociais tão complexas quanto as do homem, especialmente para seduzir, mentir, reconciliar-se, formar alianças, montar coalizões e fazer política.

– *Mas eles também conhecem a piedade, a alegria, o sofrimento e o riso?*

– Eles sentem empatia, a capacidade de compreender o outro, e também simpatia, a capacidade de compartilhar os sentimentos do outro. Consequentemente, eles podem ficar alegres ou tristes, rir e chorar, e compartilhar sentimentos de felicidade e piedade com os outros. Isso quer dizer que eles têm consciência de si mesmos, do outro e do grupo, pois entre eles existem noções de bem e mal, muito simples, mas é o início da moral. Por outro lado, pouca coisa se conhece a respeito de sua percepção da morte, apesar de algumas raras cenas observadas sugerirem que se comportam de modo muito particular quando um deles acaba de morrer.

– *É parecido entre os bonobos?*

– Os bonobos também são chimpanzés, e quase todas essas características sociais, comportamentais e cognitivas são encontradas, mas às vezes com diferenças significativas. Entre os bonobos, as fêmeas dominam a vida social. Eles se mostram bem menos violentos e evitam os conflitos fazendo amor.

– *É mesmo?*

– É por isso que são tão populosos. Eles são chamados de "macacos de Vênus", enquanto os chimpanzés robustos são os "macacos de Marte". Você adivinha por quê?

– *Sim, Vênus é a deusa do amor e Marte é o deus da guerra.*

– Retomando uma famosa expressão, entre os bonobos o lema seria "faça amor, não faça guerra". Na verdade, os chimpanzés, assim como os homens, são as únicas espécies conhecidas capazes de fazer guerra, isto é, de formar coalizões de indivíduos, na maioria das vezes com machos e mais raramente com fêmeas, para agredir seus vizinhos e, às vezes, matá-los. Os bonobos não fazem isso, mas permanecem próximos dos homens e dos chimpanzés, e a sociedade deles também conhece a violência.

– *E no que diz respeito às ferramentas e à caça?*

– Eles caçam, principalmente, outros macacos e pequenos antílopes. Eles também utilizam algumas ferramentas, mas de forma bem irregular, e não se fala de cultura entre os bonobos. Eles não foram observados por tempo suficiente para que se possa responder precisamente a essa questão.

– *Eles são menos capacitados do que os chimpanzés?*

– Não parece ser o caso para a aprendizagem da linguagem. Mas isso depende muito dos indivíduos: alguns são mais capacitados que outros, como entre nós. Devemos desconfiar desses julgamentos muito superficiais. Como eu não parei de repetir, essas questões foram levantadas muito recentemente, e tudo o que acabei de dizer só é conhecido há alguns anos. Elas foram ignoradas durante muito tempo, até mesmo desprezadas, assim como as nossas origens.

## Genes e neurônios

— *Todas essas descobertas... isso muda muito as coisas em relação às origens da linhagem humana?*

— Certamente, pois se trata nada mais, nada menos, da reconstituição do LUCA. Com a teoria sintética e a noção de grau, a gente se contentava com a ignorância dos grandes macacos e tudo acontecia como por milagre na savana. Com a adoção da sistemática filogenética e os avanços da etologia, deparamo-nos com hipóteses radicalmente diferentes. Em seguida, isso nos leva à África, e é muito provável que as origens da linhagem humana devem ser pesquisadas em locais mais arborizados que a savana.

– *Se nós temos um LUCA com os chimpanzés, tudo o que você acabou de me dizer sobre os comportamentos e a vida social deles, assim como as capacidades mentais ou cognitivas que eles compartilham conosco, quer dizer que na origem tudo isso existia no LUCA.*

– Você entendeu muito bem, e essa será nossa hipótese de trabalho para reconstituir nossas origens comuns. Depois, a partir dessas origens comuns, a linhagem deles e a nossa irão evoluir de forma divergente, adquirindo então novas características e abandonando outras.

– *Outra coisa: se os chimpanzés são os mais próximos de nós, é porque nós compartilhamos uma quantidade maior de genes com eles?*

– Exatamente.

– *Eu ouvi dizer que compartilhamos 99% dos nossos genes. Isso dá 1% de diferença. Mas, se temos muitos genes, isso pode dar muitos genes diferentes!*

– O homem não é um chimpanzé com 1% de genes que fazem toda a diferença. Se eu fosse um chimpanzé, diria exatamente o contrário. É preciso entender que esse 1% de diferença divide-se, em linhas gerais, em

0,5% do lado da linhagem dos chimpanzés e 0,5% do lado da linhagem dos homens desde o nosso LUCA. Os chimpanzés, assim como os homens, não ficaram de fora da evolução. Agora, 1% de quê? Não faz muito tempo, dizia-se que, como o homem era de uma espécie muito complexa, o seu genoma devia ter uma grande quantidade de genes, entre 200 mil e 300 mil. Em 2003, os geneticistas publicam o sequenciamento do genoma humano. E aí, a grande surpresa: o genoma humano tem somente cerca de 25 mil genes. Depois, em 2005, chegam os resultados para o sequenciamento do genoma do chimpanzé e, evidentemente, eles têm tão poucos genes quanto nós.

*– Isso explica bem todas as nossas semelhanças, mas é um pouco limitado para explicar as nossas diferenças.*

– É ainda mais impressionante que isso. A diferença de 1% conta para todo o genoma, todo o DNA. Mas sabe-se que apenas uma parte de todo esse DNA se expressa. Por exemplo, sabemos que os genes responsáveis pela formação de nossos órgãos, como o fígado, o baço, o coração, por exemplo, são idênticos a 94% dos genes dos chimpanzés.

Inversamente, sempre de acordo com os estudos mais atuais, o conjunto de genes envolvidos no desenvolvimento de nosso cérebro evoluiu consideravelmente, em todo caso bem mais que entre os chimpanzés, o que não é muito surpreendente. Mas não devemos ir tão rápido, pois esses estudos a respeito da evolução de nosso genoma apenas começaram.

*– Se estou entendendo bem, nós somos geneticamente tão próximos que, para explicar o que nos distingue dos chimpanzés, é preciso encontrar o gene da linguagem, do bipedismo, ou é mais complicado?*

– Sempre há essa tentação de querer encontrar o elemento mágico, o golpe de varinha mágica da genética, que liberta o homem do animal ou do macaco. Na maioria das vezes, essas crenças ingênuas são sustentadas pela ignorância em relação aos mecanismos da evolução, da genética e, principalmente, de quais são realmente as diferenças conhecidas entre os chimpanzés e os homens. Ainda ouvimos com muita frequência: "o homem é Isso ou Aquilo", com grandes maiúsculas como "o homem é o Bipedismo"; "o homem é a Ferramenta";

"o homem é o grande Cérebro"; "o homem é a Linguagem"; "o homem é a Caça" etc. A etologia fez todas essas afirmações caírem por terra. Então, querer encontrar um gene que as restabeleça não tem nenhum sentido. Não há mutação milagrosa!

— *Mas resta uma grande diferença, como a linguagem.*

— O homem não é um grande macaco com algo a mais. É claro que nossa linguagem permite modos de comunicação, interação e pensamento que não encontramos nos grandes macacos. Não existe, entretanto, no nosso cérebro um "centro" ou "módulo" da linguagem, como se nós tivéssemos um pedaço de cérebro a mais.

— *Mas eu ouvi falar das "áreas da linguagem".*

— Na época de Darwin, um grande médico e antropólogo francês, Paul Broca, descobriu que nos pacientes com problemas de linguagem uma parte do hemisfério esquerdo do cérebro, abaixo do osso temporal, é deteriorada. A área de Broca, como é chamada atualmente, é essencial para a linguagem, assim como outra, chamada área de Wernicke, descoberta mais tarde.

Nos anos 1960, o linguista Noam Chomsky afirmou que o homem possui um módulo cerebral específico para a linguagem. Isso foi entendido como um módulo físico ou uma parte complementar. Na verdade, é preciso entender que o homem, no decorrer de sua evolução, adquiriu um "módulo cognitivo" envolvido na linguagem.

— *Você pode me explicar a diferença?*

— Farei uma comparação com os computadores e os programas. Um computador é composto por partes físicas – o *hardware* – com o teclado, o mouse, o monitor e os diferentes componentes eletrônicos, como os cartões de memória, som, vídeo etc. Na concepção clássica do "homem animal-com-algo-a--mais", nosso cérebro teria uma peça de *hardware* complementar. Ora, não é o caso.

— *Então, entre nós e os grandes macacos não existe nenhuma diferença na constituição do cérebro.*

— Não há diferença entre as partes, o que não quer dizer que essas partes não possam ser mais ou menos desenvolvidas. Você pode ter cartões de memória ou de vídeo com um desempenho melhor ou pior.

Também é preciso procurar as diferenças em outros lugares, nos programas, o software. Os programas utilizam os componentes físicos do computador e executam tarefas mais ou menos complexas. Eles são "a inteligência" do computador. Logo, o módulo da linguagem de Chomsky não é um componente físico complementar do cérebro do homem, mas um programa com melhor desempenho, com muito mais desempenho no que se refere à linguagem, o que também implica que certas regiões cerebrais sejam mais desenvolvidas.

*– Então, as diferenças entre o homem e o chimpanzé dizem respeito mais ao* hardware *ou ao* software?

– Um pouco dos dois, lembrando que temos os mesmos componentes de *hardware*. Sabe-se há pouco mais de uma década que os chimpanzés também possuem um equivalente da área de Broca, com certeza modesta, mas bem presente. No decorrer de nossa evolução, essa região do cérebro desenvolveu-se consideravelmente. O mesmo vale para o programa da linguagem. As capacidades cognitivas que intervêm na construção da linguagem também existem nos chimpanzés, mas elas se tornaram mais complexas em nós. As pesquisas a respeito do aprendizado da linguagem entre os grandes macacos mostram que eles adquirem expressões simples com certa rapidez, porém, não são capazes de construir frases elaboradas, nem expressar ideias complicadas. O que importa do ponto de vista de nossas origens comuns é que os grandes macacos, e principalmente os chimpanzés, dispõem de um *hardware* e de um *software* que, como no homem, permitem modos de representação e de comunicação sofisticados. As experiências com os grandes macacos mostram que eles podem aprender centenas de palavras e se comunicar de forma simples, é claro. E por quê? Simplesmente porque eles também possuem áreas cerebrais idênticas à nossa área de Broca. Sabemos disso há apenas algumas décadas; mas levamos muito tempo sem suspeitar disso.

– *Com certeza, não sabemos como um único gene ou uma mutação poderia fazer surgir a linguagem.*

– Ao mesmo tempo, eu vejo esse tipo de comentário a respeito do gene "foxp2".

Uma mutação desse gene provoca grandes dificuldades para falar, pois afeta a anatomia da laringe e da mandíbula, assim como a região do cérebro envolvida na linguagem. Não se trata, entretanto, do "gene da linguagem", pois não há gene da linguagem, função complexa que se apoia nas capacidades cognitivas utilizadas em outras atividades, como a fabricação de ferramentas. Imagine que se proponha a existência de um gene da fabricação da pedra lascada! O mais importante a respeito do gene "foxp2" é que existem bases genéticas para a linguagem – mas não um único gene – e que esses genes modificam toda a anatomia: os ossos, os músculos, os ligamentos e o cérebro. Mas um único gene não pode se ocupar apenas de uma parte do cérebro ou do organismo. Os números falam por si: 25 mil genes para 100 bilhões de neurônios e centenas de bilhões de conexões entre esses neurônios!

*– Estou tentando entender, mas é complicado. Então, como se explica que nós sejamos tão diferentes dos chimpanzés mesmo tendo tão poucas diferenças em relação aos nossos genes?*

– Você já ouviu falar de Racine e de Molière?

*– Se você não tiver dado esses nomes a chimpanzés, são grandes autores clássicos franceses.*

– Sim, eles mesmos. Eles eram contemporâneos e se conheciam. Um escreveu tragédias o outro; comédias. Há cerca de vinte anos, pesquisadores de literatura se perguntaram se esses dois autores não seriam um único e mesmo escritor genial.

*– Mas que ideia! Por quê?*

– Esses pesquisadores fizeram como os geneticistas em relação ao sequenciamento do genoma do homem e dos grandes macacos, mas com o vocabulário dos textos desses autores. Revelou-se que esse vocabulário continha apenas algumas centenas de palavras, e quase as mesmas. Logo, com o mesmo vocabulário, um escreveu tragédias e o outro, comédias. As grandes diferenças entre os dois autores não estão no nível do vocabulário, mas no modo de organizar esse vocabulário. Pode-se compreender assim a quase identidade do genoma do homem e do chimpanzé: um vocabulário idêntico e evoluções que, no modo de combinar os genes e suas expressões, resultam em espécies às vezes muito próximas e muito diferentes.

*— Então, é preciso parar de ver os chimpanzés, ou os grandes macacos em geral, como nossos ancestrais e compreender que o que nos distingue não se limita a alguns genes, e menos ainda a "algo a mais". É o que você critica ao dizer que o chimpanzé não é um homem com algo a menos, nem o homem um chimpanzé com algo a mais.*

— É isso mesmo.

## A sociobiologia e a psicologia evolutiva

*— Os comportamentos também são selecionados?*

— Se fizermos como Darwin e nos interessarmos pelo trabalho dos tratadores de animais, saberemos que certas raças de cães, por exemplo, têm tendência a serem mais agressivas, outras são mais capacitadas para a caça etc. Há um ditado popular: "quem não tem cão caça com gato". Quando você dá um osso ou um pedaço de pão a um cachorro, ele pode comê-lo ou sair para enterrá-lo, mesmo se nunca tiver visto outro cão fazendo isso. Os gatos têm o bom hábito de enterrar seus excrementos, e nós gostaríamos que os cães fizessem o mesmo.

*– E em relação aos macacos e os homens ocorre algo parecido?*

– Vimos que a evolução resulta do sucesso da reprodução diferencial dos indivíduos. Se ficarmos no indivíduo, tudo se explica pelo sucesso da reprodução individual. Só que não é o indivíduo que evolui, mas a frequência relativa de genes de uma geração a outra. Nesse caso, partindo do ponto de vista dos genes, a difusão deles não passa somente pelo sucesso da reprodução individual, mas também pelos parentes próximos, que chamamos de *parentela* ou *irmandade*. Isso permite compreender os comportamentos de ajuda mútua, apoio ou solidariedade entre os indivíduos aparentados, o que chamamos de *altruísmo*, o oposto de egoísmo.

*– Você quer dizer que são meus genes que me levam a apoiar meus parentes próximos?*

– Imagine que você faz parte de um grupo de macacos, como os macacos-vervets ou "macacos-verdes", que vivem nas savanas arborizadas da África. Esses macacos temem três predadores: as cobras, os leopardos e as águias. Diante do perigo, eles criaram

As origens do homem explicadas para crianças

três gritos: um para advertir a respeito da aproximação de um predador que se arrasta pela terra, outro para um predador que corre rapidamente e que é capaz de subir em árvores, outro para uma ameaça que plana no céu. No primeiro caso, o grupo sobe em uma árvore; no segundo caso, eles se refugiam nos galhos mais altos ou mais finos, onde o leopardo não consegue persegui-los; no terceiro caso, eles se escondem no meio da copa da árvore.

– *Você disse que eles criaram esses gritos?*

– Os jovens aprendem esses gritos e como utilizá-los com os adultos. Não é uma linguagem, mas é próximo disso. Agora, imagine que você é um desses macacos-vervets e vê um leopardo chegar. Se você der um grito, mostrará sua presença ao predador e correrá o risco de ser sua próxima vítima. Só que você não está sozinho, e ao seu redor estão pais, irmãos e irmãs com os quais você compartilha uma grande quantidade de genes. Ao avisá-los, você corre um risco e, mesmo se for pego, terá salvado os seus próximos e os genes que eles compartilham com você.

*– Eu não entendo, pois se meu irmão ou minha irmã forem devorados, o mesmo ocorrerá com os genes, pelo menos eu sobrevivo.*

– Isso está correto de um ponto de vista individual, mas não no nível do gene. Você coloca em perigo o seu *sucesso de reprodução individual*, mas favorece o sucesso de reprodução de seus parentes próximos, o que é chamado de *seleção parental*. De toda forma, são os genes que passam de uma geração a outra. Os indivíduos morrem, seus genes não, se foram reproduzidos. Segundo conhecida expressão, os indivíduos, logo, eu e você, são apenas "malas destinadas a transportar genes".

*– É difícil para o ego!*

– Nem preciso lhe dizer que a concepção mais radical dessa teoria, a do "gene egoísta", provocou enormes polêmicas entre os evolucionistas. Assim, todos os nossos atos, mesmo os mais nobres, os mais morais, os mais solidários, seriam guiados apenas pela estratégia de difusão de genes. É claro que isso não quer dizer que os genes ajam de forma consciente nos egoístas.

*– Então quer dizer que nós temos genes que fazem que sejamos bons ou maus?*

– Essa é a questão de uma área do conhecimento chamada *sociobiologia*. Ela defende que os diferentes comportamentos são baseados nos genes. Isso dá certo em espécies com comportamentos muito simples, como as formigas ou os cupins, mas está longe de ser evidente em relação a espécies mais complexas, como os mamíferos ou os pássaros. Os macacos vivem em grupos com indivíduos não aparentados. Então, se um indivíduo dá o alarme, isso não beneficia apenas os seus próximos. Os avanços dos conhecimentos em etologia e genética reconsideram as ideias, às vezes simplistas – e reducionistas – da sociobiologia. Entretanto, essas ideias permitiram compreender melhor os comportamentos e sua evolução.

*– Então a sociobiologia serviu para alguma coisa.*

– A sociobiologia levantou questões importantes há muito tempo esquecidas e, ao suscitar debates, permitiu grandes avanços teóricos e concretos, especialmente em etologia. Não se trata de rebaixar ao reducionismo (um gene = um comportamento), mas de tentar compreender como os comportamentos de altruísmo e de ajuda mútua podem se difundir e evoluir enquanto os indivíduos seguem interesses egoístas. Diga-se de passagem, eu não escondi de você que o princípio do comportamento egoísta dos indivíduos também merecia ser discutido. Seja como for, a sociobiologia nos leva a observar com mais atenção o sucesso de reprodução dos indivíduos e as relações de parentesco entre os indivíduos de um mesmo grupo. É como foi constatado na maioria das espécies de macacos, que as fêmeas aparentadas e nascidas no mesmo grupo permanecem toda a vida ali; em consequência, os machos devem migrar no final da adolescência para se reproduzir.

*– Então sempre há um sexo que vai embora para se reproduzir?*

– Um dos dois sexos é chamado de *exogâmico*, são aqueles que vão embora; o outro é chamado *endogâmico*.

*– É possível dizer que isso está inscrito nos genes?*

– Ou nos cromossomos. Como você sabe, nos mamíferos, o sexo é determinado por

As origens do homem explicadas para crianças

um par de cromossomos X e Y: as fêmeas são XX e os machos, XY. Então, é possível dizer que os XX permanecem na família e que os XY deixam a família? Se fosse assim, como explicar todas as variações e exceções conhecidas, começando pelos chimpanzés e pelos homens com suas comunidades de machos endogâmicos? Pois, entre os chimpanzés e os homens, ao contrário das outras espécies de macacos, são as mulheres ou as fêmeas que deixam seu grupo natal para se reproduzir. Além disso, tanto entre os homens como entre os chimpanzés, conhecemos exceções. Na comunidade de chimpanzés de Gombe, na Tanzânia, existe um clã, o clã F, com fêmeas que não vão embora na adolescência.

– *Por quê?*

– Essas fêmeas pertencem a um clã dominante e não têm nenhum interesse em ir para outro lugar. Mas isso causa problemas, pois elas podem ser cortejadas por machos de suas parentelas.

– *Quais problemas?*

– Da consanguinidade e do incesto. Quanto mais os indivíduos forem geneticamente próximos, mais eles correm o risco de ter filhos com problemas. Eles colocam em perigo o sucesso de reprodução e acabam ficando em desvantagem. Com o tempo, sobrevivem os filhos nascidos de uniões entre indivíduos geneticamente distantes, enquanto os outros acabam quase desaparecendo. Isso explica por que a grande maioria das espécies pratica a exogamia de um ou do outro sexo. É um belo exemplo da evolução da genética e do comportamento, em que também intervém a seleção sexual pela escolha dos parceiros.

– *Então não há um gene para a exogamia?*

– Diremos simplesmente que os comportamentos apoiam-se em bases genéticas complexas cujos mecanismos ainda não foram bem compreendidos.

– *Entretanto, você disse que nós compartilhamos muitos comportamentos com os chimpanzés, e que temos pouquíssimas diferenças genéticas. Então é normal que haja relações entre os genes e os comportamentos.*

– Eu concordo, mas a questão é saber como se transmite um comportamento, pois, de um lado, temos pouquíssimos genes e, de outro, comportamentos muito diversificados e complexos. As ciências quebraram a cabeça durante muito tempo sobre essa questão: de um lado, os animais, que teriam apenas instintos, o inato, sendo assim prisioneiros de seus genes; de outro, os homens, que não teriam nenhum instinto e seriam fruto da cultura, o que chamamos de adquirido.

*– O que são o inato e o adquirido?*

– Inato, como o termo indica, é tudo aquilo que temos desde o nascimento; adquirido é tudo aquilo que adquirimos depois do nascimento. Darei dois exemplos: o caminhar ereto, ou bipedismo, e a linguagem. Se você comparar um homem e um chimpanzé dos dias atuais, você dirá que o primeiro nasceu para andar sobre dois pés e o outro para se locomover nas árvores e andar sobre quatro patas quando estiver no solo. Não há dúvida de que o pequeno ser humano vem ao mundo com a capacidade de caminhar ereto – é inato – mas isso não será feito sem aprendizagem e, principalmente, sem o modelo de seus pais e parentes próximos – é adquirido. Nascemos com a capacidade de sermos bípedes, mas precisamos aprender a sê-lo. Há inúmeros casos de crianças que foram abandonadas e sobreviveram, às vezes sozinhas, como o caso de Victor Aveyron, no século XIX, chamado de "a criança selvagem", na companhia de lobos...

– *Como o Mogli em* O livro da selva!

– Rudyard Kipling, o autor dessa bela história, havia ouvido falar dessas "crianças-lobo". É preciso entender que, desde que nossa linhagem se separou da dos chimpanzés, nossos ancestrais adquiriram características que nos são próprias, como o bipedismo, tão particular quanto eficaz. Assim, você e eu nascemos com a aptidão para sermos bípedes formidáveis, mas começamos nossas vidas andando de quatro, e foram necessários alguns anos para aprendermos a andar bem e também correr. Sem nosso ambiente familiar e social, continuaríamos andando de quatro, o que acontece com as crianças selvagens. Inversamente, os grandes macacos jovens criados entre os homens terão a tendência de andar sobre dois pés bem mais frequentemente. Mas eles não adquirem nosso bipedismo perfeitamente; eles não possuem, no nascimento, essa aptidão, pois a evolução de seus ancestrais não favoreceu esse modo de locomoção.

*— Mas como o bipedismo se tornou inato?*

— Aí é que está a grande questão. Não sabemos. Outro exemplo: nós nascemos com um "instinto da linguagem", com a aptidão de nos comunicarmos graças à linguagem articulada. Um recém-nascido aprende a linguagem da família e da sociedade na qual ele passa seus primeiros anos. Ele nasce com o instinto de falar, mas não de falar essa ou aquela língua. Um filho de pais ingleses aprenderá chinês perfeitamente se for adotado e criado por pais chineses desde o seu nascimento. Porém, mais tarde, se ele quiser aprender inglês, terá um sotaque chinês.

*— E as crianças selvagens?*

— Se tiverem sido abandonadas muito jovens, elas terão enormes dificuldades para aprender a falar.

*— Porém, elas têm o "instinto da linguagem", como você disse!*

— Estou percebendo pelas suas perguntas que também existe um "instinto científico" que, assim como a linguagem, se perde ou se desenvolve com a educação. Nós nascemos com a aptidão de falar, uma herança que vem de nossa evolução. Mas uma criança não aprende a falar se for isolada socialmente.

– *E os grandes macacos?*

– Nós já vimos que eles aprendem muito rapidamente as bases de nossa linguagem, mas não de forma articulada, porque a laringe deles, onde se localizam as cordas vocais que modulam os sons, situa-se muito alto na faringe, o que nós chamamos de garganta.

– *Então eles não têm o nosso instinto da linguagem?*

– Eles compartilham conosco capacidades cognitivas para se expressar por uma linguagem simbólica – por gestos ou teclas de computador. É uma herança de nosso último ancestral comum. Depois, ao longo de sua evolução, eles desenvolveram algumas possibilidades, e outras não. Logo, nós compartilhamos com os chimpanzés – e com outros grandes macacos – a capacidade de nos expressarmos com o auxílio de símbolos. Depois, ao longo de nossa evolução, adquirimos capacidades cada vez mais complexas no nível cerebral, mas também a possibilidade de articular sons graças à descida da laringe na garganta. Assim é o nosso "instinto da linguagem", que se expressa somente se o ambiente familiar e social solicitar. O fato de progredirmos tão rapidamente durante os primeiros anos e mais dificilmente depois mostra que essa aptidão formidável é imposta, o que quer dizer que a genética do desenvolvimento impõe períodos da vida mais suscetíveis para o aprendizado.

*– Isso não é nada simples. Você pode me dizer como andar sobre dois pés e falar tornaram-se "instintos"?*

– Fala-se em *epigenética*, em outras palavras, o que se passa "acima" dos genes. Nós herdamos os genes, mas também o modo como eles devem se expressar, principalmente em relação à combinação de suas expressões.

*– E alguém sabe como isso funciona?*

– Começamos a entender melhor como se constroem as interações entre os genes e o ambiente. Mas ainda estamos longe no que se refere aos comportamentos e capacidades cognitivas, principalmente em relação às características que permitem nos adaptarmos a diferentes situações, as mais importantes para espécies como nós e os chimpanzés. É complicado, concordo com você, mas mesmo assim tudo isso é mais fácil de entender que essas histórias de inato-animal ou adquirido-homem que, diga-se de passagem, não se apoiam em nenhum conhecimento a respeito dos animais, a começar pelos grandes macacos, e até mesmo o homem.

*– Mas, por exemplo, as diferenças entre as meninas e os meninos são ligadas aos cromossomos?*

– Mais uma vez, as boas perguntas são feitas depois de um tempo. Entre os chimpanzés, as fêmeas aprendem a ser mães. Durante a juventude, elas são atraídas pelos pequenos e "brincam de boneca" sob o olhar atento de suas mães. Os machos pequenos se interessam mais pelos jogos de poder dos machos grandes. Mas há fêmeas mais capacitadas para a política do que para a educação, e machos que gostam muito de se divertir com os jovens. No meio da comunidade, os jovens aprendem os hábitos e os costumes. Se há culturas, como vimos, isso quer dizer que há uma aprendizagem que passa pela imitação, observação, educação e também por recompensas e punições. Mas as diferenças de comportamento entre os dois sexos permanecem muito marcadas pela genética, mesmo no homem.

— *Sabe-se como isso se transmite de uma geração a outra?*

— Há alguns anos, pesquisadores do cérebro – os neurobiologistas – descobriram que os homens, os grandes macacos e os macacos – portanto, os símios – possuem "neurônios-espelho". Esses neurônios reproduzem uma "imagem cerebral" do que os olhos veem. Isso explica por que os símios se mostram tão capacitados para a imitação. Quando aprendemos um novo esporte, por exemplo, nós reproduzimos mentalmente os gestos e os movimentos observando aqueles que sabem fazer, principalmente o treinador. Quando um novo campeão ou campeã surge, todos os outros tentam fazer a mesma coisa. Evidentemente, isso não é suficiente para se tornar bom, pois também será necessário que o treinador intervenha para ajustar o seu aprendizado e, principalmente, para desenvolver as suas próprias qualidades.

*– Esses neurônios-espelho são demais! Agora eu entendo por que um filhote de chimpanzé criado entre os homens vai querer andar sobre dois pés, enquanto um filhote de homem, como Mogli, irá se locomover andando de quatro entre os lobos.*

– Usando um termo técnico, dizemos que somos indivíduos muito "plásticos" ao longo de nossa vida, particularmente na infância. Não duvide que esses neurônios-espelho desempenham um papel importante nas relações com os outros: empatia, simpatia, sentimentos de alegria ou de culpa etc.

*– E se esses neurônios não funcionarem direito?*

– O espelho está quebrado! Isso causa problemas sociais e de relacionamento, mesmo sabendo que não há apenas esses neurônios e que o cérebro possui uma "plasticidade" incrível, o que permite compensar ou reeducar de acordo com a gravidade do problema.

*– Agora estamos bem longe dos genes, não é?*

– É claro que é difícil associar um gene para cada capacidade do cérebro. A sociobiologia se concentrou no que chamamos de "psicologia evolutiva". Não vou esconder de você que às vezes ela dá explicações um tanto ingênuas e absurdas.

– *Por exemplo?*

– Durante a Era Glacial, as mulheres ficavam no abrigo das grutas, papeando e cozinhando, enquanto os homens iam caçar mamutes. Isso explicaria por que atualmente as meninas aprendem a ler, escrever e falar melhor, enquanto os homens sabem ler melhor mapas de rotas.

– *Isso é engraçado!*

– E ainda tem mais: se os homens são infiéis no amor, é porque isso lhes permite ter mais filhos, enquanto as pobres mulheres, que dependiam tanto dos homens e da carne que eles bravamente traziam da caça, preferiam escolher o melhor homem e serem fiéis. Em resumo, nossos comportamentos de hoje teriam sido selecionados no tempo em que nossos ancestrais eram caçadores nas regiões glaciais da Europa. Ora, nessa época, as populações de nossa espécie estavam em todos os lugares da Terra e não viviam apenas em grutas, sem esquecer que a caça não representava a única fonte de alimento, longe disso.

– *Está cada vez mais engraçado!*

– É para chorar de rir! Isso não é ciência, e menos ainda ciência evolucionista. É um amontoado de clichês absurdos que tentam nos fazer crer que nossos modos de vida atuais – mamãe em casa e papai no trabalho – vêm da Pré-História ou, pior, que nossos ancestrais de milhares de anos viviam como os últimos povos caçadores-coletores atuais, como se estes não tivessem evoluído.

– *Você está ficando irritado.*

– Sim, porque esse tipo de besteira é encontrado em livros de sucesso, entre os psicólogos e até mesmo entre os diretores de Recursos Humanos das empresas. Tanto a seleção natural quanto a sexual não conseguem eliminar a tolice humana! A evolução não é perfeita, já falamos sobre isso, entretanto, está claro que há uma evolução de nossos comportamentos sociais e de nossas capacidades mentais, mesmo que ainda estejamos longe de compreender os mecanismos. Se tivéssemos lido Darwin direito, certamente estaríamos mais avançados nessas questões fascinantes.

As origens do homem explicadas para crianças

## III. LUCA ou o retrato de nossas origens

– *Estou realmente surpreso com tudo o que compartilhamos com os grandes macacos.*

– O mais surpreendente é que tenhamos esperado tanto tempo para perceber.

– *Como era esse LUCA?*

– Ele devia ter todas as características que nós compartilhamos com nossos primos atuais, mas também tinha características próprias. Assim, o LUCA não se reduz àquilo que ainda compartilhamos com os chimpanzés. Em resumo, todos os grandes macacos, ao contrário das outras espécies, têm períodos de vida longos, cérebros grandes e vidas sociais intensas. Os mais próximos de nós são os chimpanzés, com os quais compartilhamos um genoma tão restrito quanto semelhante, mas também características sociais como: comunidades multifêmeas e multimachos com machos aparentados; a ocupação de territórios vastos ou áreas vitais; a capacidade de viver em *habitats* mais ou menos arborizados, como as florestas densas ou próximas às savanas arborizadas; dietas frugívoras-onívoras; a caça e a divisão do alimento; a utilização de todos os tipos de ferramentas; tradições culturais; modos de comunicação complexos... Como conviver é a coisa mais complicada do mundo, são necessárias regras com noções de bem e de mal, o que chamamos de moral, e, portanto, uma consciência de si, do outro e dos outros. O aprendizado social passa por recompensas, punições e a capacidade de ser apreciado ou não pelo grupo. Os chimpanzés podem se mostrar tão adoráveis quanto violentos. Atualmente, fala-se muito nos bonobos, mais pacíficos, que preferem fazer amor a brigar.

– *Eles são mais legais!*

– E um pouco ingênuos! As sociedades deles são dominadas por fêmeas, e de fato eles são menos violentos do que os homens e os chimpanzés. Estes últimos mostram-se mais violentos em suas sociedades dominadas por machos, com os jogos políticos e a guerra entre os grupos vizinhos. Nisso, eles são mais próximos dos homens, mas também pela caça, pela utilização de ferramentas, pelas culturas etc. Atenção, isso não quer dizer que as espécies próximas do

LUCA se comportassem assim, mas é muito provável. Agora, o que se pode conhecer a partir dos fósseis é o tamanho do corpo, do cérebro, a anatomia do crânio, dos dentes e dos membros e também seus ambientes, graças aos fósseis de outras espécies de sua comunidade ecológica, para saber se viviam em lugares arborizados ou abertos, secos ou úmidos etc. É possível encontrar hominídeos fósseis de uma altura de cerca de 1m e 40 quilos, cérebros com menos de 400cm$^3$, dentes e maxilares bem robustos, membros adaptados à locomoção nas árvores, certamente com aptidão para o bipedismo e que viviam em locais arborizados.

– *Como é possível saber isso?*

– Por aproximação, pela paleoantropologia e pelos fósseis.

– *Até que enfim!*

– Como assim, até que enfim?

– *Bem, é que eu achava que os fósseis eram a evolução do homem.*

– Não é possível compreender nada da nossa evolução se, em primeiro lugar, não especificarmos nossas relações de parentesco com as espécies mais próximas de nós; em segundo lugar, se não tentarmos reconstituir o LUCA a partir daquilo que conhecemos delas. Toda história, que eu saiba, tem um começo. Bem, vamos ver esses fósseis maravilhosos?

# A evolução da linhagem humana

## I. Os primeiros hominídeos

**Orrorin**, **Toumaï**, Ardi e Cia.

*– Então, as nossas origens estão mesmo na África?*

– Darwin elaborou a hipótese correta. Mas faz pouco tempo que foi aceito e provado, graças aos fósseis, que nossa linhagem está profundamente enraizada no continente africano.

*– E ele foi encontrado, esse LUCA?*

– Nós jamais poderemos dizer que encontramos o LUCA, mas sim o fóssil mais próximo da ideia que fazemos dele.

– *Por quê?*

– Eu já lhe disse: entre os chimpanzés e nós, o LUCA possui todas as características que encontramos nos descendentes atuais, mas também características próprias.

– *Quais são esses fósseis antigos?*

– O mais falado é *Toumaï*, cujo nome científico é *Sahelanthropus tchadensis*, descoberto recentemente no Chade.

– *Mas que nome!*

– *Toumaï* vem de uma língua falada nessa região, o djurab. É o nome dado às crianças nascidas logo antes da estação das chuvas e quer dizer "esperança de vida". Quanto ao nome latino, significa "o homem do Sahel chadiano", sendo que Sahel é um grande deserto ao sul do Saara. Mas ainda estamos muito longe dos primeiros homens. O mesmo vale para outro candidato, *Orrorin tugenensis*, descoberto no Quênia. *Orrorin* quer dizer "o homem das origens" na língua de Tugen, que é um povo e uma região. E ainda há o *Ardipithecus kadabba,* da Etiópia. Esse nome significa "o macaco ou homem das origens" na língua afar. Outra forma mais recente, o *Ardipithecus ramidus,* conhecido como Ardi, foi alvo da imprensa no mês de setembro de 2009, que foi o ano Darwin.

*– Na verdade, é uma multidão; não se pode dizer que faltam elos perdidos!*

– Esses três gêneros fósseis são datados entre 7 e 5,5 milhões de anos, no período de tempo indicado pelos geneticistas e seus relógios moleculares. Entretanto, há discordância entre estes últimos e os paleoantropólogos.

*– Por quê?*

– Sempre por causa desse esquema da escala natural das espécies e do gradualismo, a respeito dos quais já falamos. Meus colegas insistem em acreditar que tudo o que se parece com um chimpanzé é necessariamente arcaico, e que tudo o que se parece com o homem é evoluído, como o bipedismo. Mas qual bipedismo? Na verdade, é um problema de lógica. Todo fóssil próximo do LUCA terá características da linhagem dos chimpanzés e outras da linhagem humana, se não, ele não estaria próximo do LUCA. Você concorda com isso?

– *Acho que isso está muito claro.*

– Mas, por causa do gradualismo, insiste-se nas características consideradas próprias à linhagem humana e, consequentemente, todos esses fósseis inserem-se na linhagem humana. O que provoca outro problema: se temos *Toumaï*, de 7 milhões de anos, em nossa linhagem, isso implica que o LUCA seja mais antigo, entre 8 e 10 milhões de anos, e não entre 5 e 7 milhões, como indicam os geneticistas.

– *E o que dizem os paleoantropólogos?*

– Eles dizem que são os mestres do tempo. Até aí eu concordo, mas eles não são os mestres da árvore filogenética, da classificação. Não estou afirmando que o relógio molecular dos geneticistas é infalível, mas fico admirado que se insista em ignorar a linhagem dos chimpanzés e o LUCA. As características dos chimpanzés não são todas arcaicas. Por exemplo, o homem e seus ancestrais, como os australopitecos, têm dentes com esmalte espesso. Os grandes macacos africanos têm dentes com esmalte fino. Então, naturalmente, e segundo uma perspectiva gradualista clássica, pensava-se que o esmalte fino era uma característica arcaica. Não é o caso, pois os chimpanzés adquiriram essa característica ao longo da evolução, portanto, depois do LUCA.

*– Em relação aos dentes eu entendo, mas e o bipedismo?*

– Quando vemos nosso bipedismo tão especializado, não há nenhuma dúvida de que ele é muito evoluído. Mas trata-se do bipedismo humano, adquirido recentemente no decorrer de nossa evolução, como nós veremos. Ora, existiram diferentes formas de bipedismo em nossa linhagem, como em Lucy e nos australopitecos. Sinceramente, eu acho que é uma velha história de família e não é nenhuma surpresa que os descobridores de todos esses fósseis citados acreditem, frequentemente com bons argumentos, que eles andavam sobre dois pés. É disso que enfim se deram conta com o belo fóssil de Ardi, anunciado mais recentemente. A questão é: a aptidão para o caminhar bípede existia no LUCA?

*– Espere! Você está me dizendo que o bipedismo seria muito antigo, anterior ao LUCA?*

– Primeiro – e eu insisto –, não é *o* bipedismo, mas *os* bipedismos ou aptidões para o fato de caminhar ereto. Evidentemente, se continuarmos a ver os chimpanzés como uma imagem de nosso LUCA, só podemos ficar surpresos. Mas os chimpanzés não são nossos ancestrais. O quadrupedismo deles, com membros anteriores que tocam o solo no nível das articulações entre as primeiras falanges dos dedos e a mão, é muito especializado. Ademais, como vimos, todos os grandes macacos africanos atuais andam mais ou menos sobre dois pés, principalmente os bonobos.

– *Mas me disseram que andar sobre dois pés era uma vantagem para ver acima dos arbustos altos nas savanas.*

– Os babuínos se locomovem sobre quatro patas e se viram muito bem; além disso, isso não os impediu de tomar o lugar dos australopitecos, que, como você sabe, andavam sobre dois pés. Todos os fósseis mais antigos de nossa linhagem viviam em locais arborizados, não uma floresta densa e úmida, mas *habitats* cobertos e florestas. Logo, é preciso procurar as origens do que se considera, erroneamente, como próprio do homem no mundo das florestas, e não nas savanas.

*– Esses fósseis se pareciam com o quê?*

– *Toumaï* é conhecido graças a um belo crânio e várias mandíbulas. Ele tem a face curta e caninos pequenos. A base do crânio, que se apoia sobre o topo da coluna vertebral, é curta e curva, uma característica importante que se encontra em todos os membros de nossa linhagem e que é associada ao caminhar ereto. Todas essas características são encontradas em nossa linhagem, assim como o tamanho dos incisivos e molares, recobertos por um esmalte mais ou menos espesso. Além disso, o tamanho do cérebro é modesto – menor que o de um chimpanzé atual – e tem uma barra óssea impressionante acima dos olhos.

*– Então, nossas origens estariam no oeste, e não no leste da África.*

– Você está pensando na teoria da "East Side Story",[2] de Yves Coppens. No início dos anos 1980, Coppens fez uma síntese de

---

2   Trata-se de uma teoria dos anos 1980 sobre mudanças climáticas em relação à evolução.

tudo o que se conhecia em paleoantropologia e genética. Todos os fósseis mais antigos conhecidos estavam no leste da África, isto é, nos vales do Rift. Esses grandes vales se estendem da África Oriental, desde a Etiópia, ao norte, até Malawi, ao sul, passando pelo Quênia e pela Tanzânia. Entre os milhares de fósseis encontrados, havia australopitecos, mas nenhum ancestral dos grandes macacos. Estes vivem atualmente a oeste dos vales do Rift. Por outro lado, os geneticistas afirmam que nossa linhagem se separou da dos chimpanzés há aproximadamente 7 milhões de anos – o relógio molecular – enquanto os geólogos declaram que os vales do Rift se formaram nessa época. Todas essas informações convergiram em um modelo, a teoria da East Side Story, ou a "História do Lado Leste".

– *Tudo bem, porém* Toumaï *está a oeste, e Coppens se enganou!*

– Nem um pouco, e dizer isso é não ter entendido nada a respeito do que é a ciência. Um modelo científico visa a tornar compreensíveis todos os conhecimentos disponíveis; em seguida, faz-se de tudo para verificar se ele é sólido. Para isso, novas pesquisas são iniciadas. Enquanto elas sustentam o modelo, ele é mantido; é o caso de *Orrorin*, pois ele veio do leste. Mas – e é o mais importante na ciência – outras pesquisas são desenvolvidas para tentar contestar o modelo – o que chamamos de refutar. É o caso de *Toumaï*. Perde-se um modelo, mas há um avanço nos conhecimentos. O objetivo da ciência não é obstinar-se em conservar um modelo, mas fazer com que os conhecimentos avancem. Atualmente, estamos construindo outro modelo. Na ciência, os modelos são meios, não fins, o que os donos da verdade entendem mal. Diga-se de passagem, Yves Coppens manteve as pesquisas no leste e no oeste dos vales do Rift. Se um dia você se lançar no mundo das ciências, não se esqueça dessa pequena lição.

– *Vou me lembrar. E Orrorin?*

– Também é um fóssil magnífico, anunciado no ano 2000, daí o apelido de "fóssil do milênio". Ele data de 6 milhões de anos e, na época, foi considerado pelos descobridores o representante mais antigo de nossa linhagem; ele confirmou o modelo de Coppens, mas, dois anos mais tarde, *Toumaï* faz com que ele seja reconsiderado.

– *Entendi.*

– *Orrorin* é composto de fósseis fragmentários do crânio e dos membros. Ele tem uma face mais longa e estreita e caninos grandes. As falanges dos dedos são longas, finas e encurvadas, enquanto o braço é longo. Os incisivos e os molares não são muito grandes, com um esmalte levemente espesso, características presentes em um grande macaco que se pendura nas árvores. Tudo isso faz dele um bom candidato a ancestral dos grandes macacos africanos atuais, exceto pelo fêmur, mais sólido e com um colo alongado e uma cabeça bem robusta, características encontradas nos bípedes de nossa linhagem. Para os seus descobridores, esse fêmur parece ainda mais evoluído que o de Lucy, mesmo sendo este bem mais recente. *Orrorin* é arcaico em tudo, exceto pela coxa.

– *E Ardi, o terceiro fóssil?*

– *Ardipithecus kadabba* e *Ardipithecus ramidus* vêm da Etiópia e são um pouco mais jovens: entre 5,6 e 4,5 milhões de anos. Sem entrar em detalhes, seus dentes e sua face, assim como algumas partes de seu punho,

As origens do homem explicadas para crianças

evocam mais um ancestral dos chimpanzés que de nossa linhagem. Por outro lado, eles têm a base do crânio muito curta e encurvada, indicando que andavam sobre dois pés, o que acaba de ser confirmado pela análise de seu fêmur e, principalmente, de sua bacia.

– *Então todos andavam sobre dois pés!*

– Pensa-se isso sobre *Toumaï*, mas ainda se espera obter os ossos dos membros; há discussões técnicas acerca do fêmur de *Orrorin*, e Ardi aparenta muito ser bípede. Além disso, se, como eu acho, o LUCA tivesse aptidões para o bipedismo, não seria nada surpreendente se todos fossem mais ou menos bípedes.

– *Mas me diga uma coisa, você nunca descobriu um fóssil?*

– Não, pois eu sou um pesquisador de laboratório, e meu trabalho consiste em compreender a evolução do crânio e dos dentes em relação à dieta alimentar, mas também com as fases da vida e a sexualidade. É por isso que eu me interesso tanto pela etologia dos grandes macacos e pelas teorias da evolução: para reconstituir melhor a adaptação de nossos ancestrais.

*– E como viviam esses fósseis mais antigos?*

– Todos foram encontrados em ambientes florestais situados perto da água. Eles consumiam frutas, leguminosas e castanhas, abundantes nesse tipo de *habitat*, e com certeza insetos e carne, ocasionalmente. Raramente eles se aventuravam nas savanas mais abertas. Não se pode dizer muito a respeito da vida social deles. Os caninos pequenos de *Toumaï* evocam uma sociedade mais parecida com a do homem ou dos bonobos; a de *Orrorin*, um harém com forte competição entre os machos, e a do *Ardipithecus*, entre as duas. Mas não se conhece o dimorfismo sexual deles, e tudo isso é muito especulativo. Felizmente, nossos conhecimentos tornam-se mais precisos com os australopitecos.

## Lucy e os australopitecos

*– Finalmente vamos encontrar Lucy!*

– Os australopitecos formam um grupo de hominídeos adaptados à vida na margem de florestas e savanas arborizadas. Há Lucy e os australopitecos de Afar ou *Australopithecus afarensis*, da Etiópia e do Quênia, talvez também da Tanzânia; o australopiteco do lago ou *Australopithecus anamensis*, do Quênia; o australopiteco de Transvaal ou *Australopithecus africanus*, da África do Sul; Abel, o australopiteco do rio das gazelas ou *Australopithecus bahrelghazali*, e ainda outro chamado *Kenyanthropus platyops*, do Quênia. Eles representam um sucesso de evolução formidável a respeito da maior parte da África, entre 4 e 3 milhões de anos antes de nós.

– *Como é a aparência deles?*

– Eles não são muito grandes, têm entre 1,05 e 1,30m e 27 a 50 quilos. Lucy, conhecida pelo esqueleto 40% completo – o que é raríssimo –, media 1,06m para um peso estimado de menos de 30 quilos. Apenas as aparências de Lucy e dos australopitecos de Afar e seus primos da África do Sul são conhecidas. Os membros superiores são longos, com mãos com falanges longas e encurvadas, características associadas à locomoção nas árvores. Os membros inferiores são curtos, a articulação do joelho é um pouco larga e os pés, muito longos, com dedos finos e encurvados, sendo que o primeiro deles é separado dos demais. Nisso, eles se parecem com os chimpanzés atuais, que se locomovem tão facilmente nas árvores. Por outro lado, como nós, a bacia é curta e em forma de tigela, e mesmo assim ampla; o fêmur tem um colo e uma cabeça bem solta, e a coluna vertebral é profunda na parte de baixo do dorso; todas essas características são associadas ao bipedismo. Parece que a reentrância da cintura era pouco marcada, e a caixa torácica tinha uma forma de cone, isto é, larga embaixo e estreita em cima, o que se observa nos chimpanzés.

– *Então os australopitecos são intermediários entre os chimpanzés e os homens.*

– Não de um ponto de vista de ancestral a descendente, mas de um ponto de vista de adaptação, o que não é a mesma coisa. Eles têm uma anatomia em "mosaico", com partes que se parecem mais com as dos chimpanzés e outras que se parecem mais com as dos homens, o que corresponde a seus *habitats* em "mosaico", compostos por florestas e savanas mais ou menos arborizadas.

– *E os outros australopitecos?*

– Há apenas um pedaço de mandíbula de Abel e um crânio de *Kenyanthropus*. Como o bipedismo é um velho caso de família, eles deviam andar sobre dois pés, mas como? Não se sabe. Resta o australopiteco do lago, maior que os outros, cuja face se revela bem arcaica, mas com um fêmur mais evoluído para o bipedismo. Nisso, ele nos lembra *Orrorin*.

– *Eles não andavam como nós?*

– Não exatamente. Eles cambaleavam, os joelhos eram um pouco encurvados e se moviam a partir dos quadris e dos ombros, o que cansava muito rápido. Para ter uma ideia, tente andar mexendo o braço e a perna do mesmo lado ao mesmo tempo. Mas eles não sabiam correr sobre dois pés. Em caso de perigo, eles deviam fugir de quatro, como fazem os chimpanzés. Eles retomavam a vantagem das árvores.

– *Como você sabe disso?*

– Estudando os ossos, suas proporções, a reconstituição do tamanho dos músculos. Por exemplo, Lucy não tinha grandes músculos nas nádegas como nós. Além disso, há uma descoberta fabulosa feita em 1976: as pegadas de Laetoli, na Tanzânia, datadas de 3,6 milhões de anos.

– *Pegadas?*

– Um dia, o vulcão Sadiman expeliu cinzas sobre a savana, obrigando os habitantes a fugir. Dois australopitecos que andavam lado a lado deixaram marcas nas cinzas vulcânicas, como na neve, que se conservaram.

– *Um casal de apaixonados?*

– Essa descoberta fenomenal forneceu indícios precisos sobre o seu modo de andar, a extensão dos passos e o modo de firmar o pé. Em vez de tocar o solo com o calcanhar e tomar impulso na parte da frente do pé, como nós fazemos, eles firmavam o pé sobre a parte exterior; você pode se divertir fazendo isso andando com as pernas encurvadas e virando o quadril, como indicado agora há pouco.

– *Lucy tinha um namorado?*

– Com certeza vários, e não só porque ela era bonitinha. Nota-se uma diferença significativa de tamanho entre as fêmeas e os machos; estes possuíam caninos mais salientes que ultrapassavam os outros dentes, como os incisivos. Isso quer dizer duas coisas: os machos permaneciam em competição moderada pela conquista das fêmeas, como entre os chimpanzés, e, como viviam em parte no solo, eles podiam tirar vantagem de sua estatura maior e dissuadir os predadores, o que também permitia atrair as fêmeas, como entre os gorilas.

*– E o que eles comiam?*

– Castanhas, frutas, leguminosas e, principalmente, as partes subterrâneas das plantas. Eles viviam em ambientes que apresentavam uma alternância entre estações úmidas e secas. Para sobreviver, as plantas produzem reservatórios subterrâneos: raízes, bulbos, tubérculos e rizomas. Mas é preciso desenterrá-los, o que eles faziam com o auxílio de bastões de cavar. Evidentemente, eles apreciavam frutas frescas, insetos e carne, quando havia oportunidade.

*– E como você faz para saber tudo isso?*

– Primeiramente pelos dentes. Os molares são muito grandes e recobertos por um esmalte muito espesso, o que indica que eles mastigavam alimentos duros. Ao olhar as marcas de desgaste no microscópio eletrônico, é possível ver as estrias deixadas no esmalte por partículas abrasivas, como grãos de areia. Elas vêm das partes subterrâneas das plantas, que são alimentos de ótima qualidade, mas precisam ser mastigados com força. Tanto a mandíbula quanto a face dos australopitecos são fortes, o que está ligado a uma mastigação intensa e vigorosa movida por músculos muito desenvolvidos. Se eles tinham um lema, era "mastigue ou morra de fome".

*– Seu humor está decaindo. Isso vale para todos os australopitecos?*

– Todos têm belos maxilares com dentes grandes. Lucy e seu primo do sul têm a face projetada para frente no nível das arcadas dentárias; o do lago tem a face mais arcaica, pois é mais longa e estreita; Abel tem uma face curta e *Kenyanthropus* possui uma face incrivelmente plana, daí o seu nome *platyops*.

*– É como um jogo de montar!*

– Fala-se em "evolução em mosaico" para evocar o fato de que as diferentes partes do corpo não evoluem em conjunto. O tamanho do cérebro varia de 380 a 450cm$^3$, entre um terço e um quarto do nosso. Eles mal são maiores que os cérebros dos chimpanzés atuais, com tamanhos corporais idênticos.

– *Eles eram mais inteligentes do que os chimpanzés?*

– Pode-se dizer que sim, lembrando o quanto os chimpanzés são inteligentes.

– *Eles utilizavam ferramentas?*

– Os chimpanzés utilizam principalmente bastões e ferramentas de pedra para quebrar castanhas. Como isso só começou a ser observado recentemente, faz pouco tempo que há interesse pelas massas de pedra encontradas nas proximidades dos australopitecos, e parece que eles agiam da mesma forma.

– *Como Lucy morreu? Ela era uma mulher?*

– É uma fêmea, pois ela está entre os menores australopitecos conhecidos e possui um canino pequeno. Ela morreu com cerca de 20 anos, provavelmente afogada. Nessas regiões, a estação das chuvas chega de forma brutal. As correntezas descem as montanhas e colinas arrastando tudo pelo caminho. Ora, os australopitecos não viviam muito longe da água. Lucy deve ter sido arrastada e soterrada rapidamente, exatamente como um grupo de sua espécie, não menos do que dez indivíduos, conhecidos como "a primeira família". A infelicidade deles faz a felicidade dos paleoantropólogos. Foi assim também com Selam, uma menina australopiteca de 3 anos encontrada quase completa.

*– E em relação à idade, como vocês fazem?*

– Referimo-nos ao tempo de formação dos dentes e à idade de erupção. As fases da vida dos australopitecos se parecem com as dos chimpanzés da atualidade: gestação de oito meses e meio, desmame entre 4 e 5 anos, puberdade mais ou menos entre 8 e 9 anos, idade adulta entre 11 e 14 anos e uma expectativa de vida que depende de acidentes e encontros infelizes.

*– Como o quê?*

– Os afogamentos, as quedas de árvores e os predadores. Há um crânio de australopiteco do sul com dois buracos feitos pelas presas de um leopardo.

*– Não era nenhum paraíso!*

– Na verdade, perambular nas savanas arborizadas naquela época não era mais perigoso que andar a pé na cidade atualmente, principalmente quando se tem seu tamanho. É preciso prestar atenção, só isso. No que se refere aos australopitecos, é isso, um grupo muito diversificado e que está na origem do período seguinte, com os primeiros homens e outros australopitecos, chamados "robustos". Vamos para a etapa seguinte.

– *Só mais uma pergunta. De onde veio o nome Lucy?*

– De uma música de um grupo "fóssil", os Beatles, chamada *Lucy in the sky with diamonds* [Lucy no céu com diamantes]. Só que Lucy é uma pérola que veio da terra até nós.

– *Prefiro sua poesia ao seu senso de humor.*

## II. "Os primeiros homens" e os parantropos

### Mudanças climáticas no planeta

– *O que aconteceu depois dos australopitecos?*

– Mudanças climáticas globais e locais afetaram os ambientes da África entre 3 e 2,5 milhões de anos atrás. Um acontecimento global envolve toda a Terra: a junção das duas Américas. Antes, esses dois subcontinentes ficavam separados por uma passagem entre os oceanos Pacífico e Atlântico. Ao se deslocar para o norte, a América do Sul acaba provocando a emersão da América Central. O Istmo do Panamá modifica as correntes marítimas. A Corrente do Golfo se forma no Golfo do México e atravessa o Atlântico, segue pelas costas da Europa – proporcionando invernos amenos – e mergulha nas águas profundas do Oceano Ártico. Ao fazê-lo, ela leva calor e sal, o que acaba resfriando a região ártica. É assim que se forma a calota polar, enquanto a calota da Antártida já existia.

– *Tudo bem, mas não fazia frio na África?*

– Não, é claro. Durante os períodos quentes ou interglaciais, as florestas se expandem graças a um clima globalmente mais úmido. Durante os períodos frios ou glaciais, o clima torna-se, em geral, mais seco devido às grandes quantidades de água doce retidas nas calotas e nas geleiras. Então, as florestas regridem diante da expansão das savanas. Aparecem muitas árvores adaptadas a ambientes mais secos, como as acácias. Várias espécies de antílopes, gazelas, cavalos, porcos e elefantes adquirem dentes capazes de triturar vegetais mais duros, principalmente gramíneas.

– *Por quê?*

– Essas plantas herbáceas ou gramíneas – da família do trigo, da cevada, do centeio etc. – contêm pequenos cristais chamados "fitólitos", que quer dizer "pedras de planta". Elas desgastam os dentes dos animais que pastam. Para compensar, eles possuem dentes com um esmalte fino que cresce o tempo todo.

## O desaparecimento dos parantropos

– *E os primeiros homens também se inserem aí?*

– De forma alguma. A partir de nossos ancestrais australopitecos, surgem dois grupos: os "primeiros homens" e os parantropos. Vamos começar por estes últimos. Eles são os descendentes de Lucy, seus primos do sul. Parantropo significa "quase homem", mas eles são mais chamados de "australopitecos robustos" por causa das faces, dos maxilares e dos dentes muito robustos. Porém, eles não são assim tão mais corpulentos que seus ancestrais. Por outro lado, seus braços são um pouco mais curtos e as pernas, um pouco mais longas, o que está relacionado a um bipedismo mais eficaz. O joelho é estendido ou esticado, o pé possui dedos menos longos e o dedão fica com os outros. As mãos também são mais curtas e mais largas, assim como os dedos, parecendo-se mais com as nossas.

– *Tudo isso me parece mais humano.*

– É verdade, exceto pela face, muito curta e muito alta, a mais robusta já vista, em que se acrescentam incisivos e caninos pequenos, mas pré-molares e molares enormes, com um esmalte muito espesso. Eles possuem o aparelho mastigador mais poderoso de todos os macacos conhecidos, atuais e fósseis, com uma mandíbula maciça. Eles bem que merecem o nome de australopitecos robustos ou "quebra-nozes"!

– *O que eles comiam com dentes tão grandes, castanhas?*

– Devido a essa face incrível, pensava-se que eles fossem especializados no consumo de alimentos muito duros, o que é verdade. Mas quem pode muito, também pode pouco. Os alimentos que comemos deixam vestígios químicos nos ossos. A análise deles revela uma dieta onívora com plantas das savanas e também gramíneas.

– *Então eles moíam os grãos.*

– Não. Para isso, são necessários dentes que crescem o tempo todo e com um esmalte fino, o que não é o caso deles. Na verdade, eles também comiam antílopes e gazelas, os quais comiam gramíneas. A especialidade deles está na capacidade de se alimentar de uma grande quantidade de partes subterrâneas de plantas, como seus ancestrais, mas de forma mais eficaz, principalmente nas longas estações secas. Mas nem por isso eles são mais tolos. O cérebro deles é relativamente mais desenvolvido, com 450 a 550cm$^3$, com assimetrias mais marcadas entre os lados esquerdo e direito, uma característica associada à destreza.

– *O que é isso?*

– O fato de utilizarmos mais a mão direita do que a esquerda para fazer gestos precisos. Foi encontrado um parantropo associado a ferramentas de pedra lascada, por isso chamado de *Paranthropus garhi,* em 1999, o parantropo "surpresa".

*– Por quê?*

– Porque se acreditava que apenas os homens fabricavam e utilizavam essas ferramentas obtidas de forma voluntária ao se bater com precisão um sílex contra o outro. Logo, encontrar um parantropo com ferramentas: surpresa! Mas isso era conhecido há muito tempo, porque o primeiro parantropo, descoberto em 1959, em Olduvaí, na Tanzânia, também jazia ao lado de ferramentas lascadas. As ferramentas de pedra lascada mais antigas são da cultura de Olduvaí ou Olduvaiense.

*– Então por que toda essa surpresa quarenta anos depois?*

– Porque as ferramentas dos parantropos foram retiradas e atribuídas aos primeiros homens, que são contemporâneos a eles.

*– Quem são esses primeiros homens?*

– Antes de apresentá-los a você, vamos terminar com os fabulosos parantropos, dos quais são conhecidas duas grandes linhagens: *Paranthropus aethiopicus*, *Paranthropus garhi* e *Paranthropus boisei*, no leste da África; *Paranthropus crassidens* e *Paranthropus robustus*, no sul da África.

*– Esses nomes são de tirar o sono!*

– Talvez, mas como todos os grandes macacos e todos os australopitecos, eles deviam dormir em segurança em ninhos feitos nas árvores. Eles eram encontrados em *habitats* próximos à água, onde as plantas desenvolvem partes subterrâneas muito ricas. Essa linhagem tão próxima de nós conheceu um grande sucesso adaptativo entre 1 e 2,5 milhões de anos atrás.

*– Por que eles desapareceram?*

– Novamente, as mudanças climáticas, a concorrência com os babuínos e, principalmente, o homem. Agora vamos falar dos primeiros homens, contemporâneos dos parantropos.

## "Os primeiros homens" são homens?

*– Nem ouso perguntar quais os nomes deles.*

– *Homo habilis* e *Homo rudolfensis*, os "homens hábeis" e os "homens do Lago Rudolf". Na ocasião do anúncio do *Homo habilis*, em 1964, seus descobridores insistiram em considerá-lo o primeiro representante do gênero *Homo*: ele possui uma face menos robusta, um cérebro maior, de cerca de 600cm³, mãos mais hábeis – daí o seu nome –, é provido das ferramentas de pedra lascada mais antigas e beneficia-se de um bipedismo evoluído. Os paleoantropólogos exageraram um pouco na dose, o que gera polêmica há mais de 45 anos.

– *Decididamente, você nunca está de acordo.*

– A definição clássica "o homem é a ferramenta" caiu por terra desde que conhecemos melhor os chimpanzés e estudamos melhor os parantropos. Sem corrigir nada, um fóssil atribuído ao *Homo habilis*, encontrado em 1987, em Olduvaí, na Tanzânia, apresenta membros com proporções comparáveis às de Lucy!

– *Surpresa!*

– Esse *Homo habilis* andava melhor que Lucy, mas suas proporções ainda eram arcaicas. Como uma surpresa nunca vem sozinha, os paleoantropólogos se debruçaram mais atentamente sobre os vários fósseis atribuídos ao *Homo habilis* e acreditam que há, certamente, dois tipos de homens: o *Homo habilis* no sentido estrito e o *Homo rudolfensis*.

*– Estou sentindo que isso vai ser divertido.*

– Vamos com calma. Digamos que existem *Homo habilis* não muito grandes, que ainda dependiam do mundo das árvores, e outros mais corpulentos, os *Homo rudolfensis*, aparentemente mais bem-adaptados à vida nos *habitats* mais abertos. A face dos *Homo habilis* anuncia uma tendência que continuará até nós, com a diminuição do tamanho dos dentes e, a seguir, o conjunto das estruturas esquelética e muscular envolvidas na mastigação.

*– Eu aprendi que as ferramentas estavam ligadas à caça.*

– Os chimpanzés caçam, usam pedras para quebrar castanhas, mas não para matar um animal, cortá-lo ou consumi-lo. O problema é saber quem inventou as ferramentas de pedra lascada, pois esses primeiros homens, os parantropos, e as ferramentas de pedra lascada deliberadamente mais antigas apareceram ao mesmo tempo, por volta de 2,5 milhões de anos atrás. Entramos na Pré-História ou Idade da Pedra Lascada: o Paleolítico.

*– Mas eles comiam carne!*

– Eles caçavam e capturavam presas de tamanho pequeno e aproveitavam carcaças de grandes animais mortos. Eles consumiam o cérebro e as vísceras no lugar, cortavam o resto para comer no abrigo. Eram carniceiros hábeis.

– *Eca!*

– Eles fazem como nós: quando compramos carne, não fomos nós que matamos o animal e, assim como eles, nós prestamos atenção no frescor do pedaço. A carne de grandes herbívoros permanece consumível durante vários dias; depois é boa para os chacais, os urubus e as hienas, que podem digerir carne deteriorada.

– *Então eles chegavam, tiravam as ferramentas e faziam piquenique.*

– As ferramentas deles eram tão simples quanto eficazes: batendo um sílex contra outro em um ângulo preciso, eles obtinham lascas cortantes como navalhas, afiadas para cortar as carnes e os tendões; usavam o que restava do sílex do qual haviam retirado as lascas para fazer também machados para separar os membros ou quebrar os ossos para pegar o tutano. Eles levavam esses pedaços de carcaça para mais longe, em segurança, ao pé das árvores ou mesmo para cima das árvores, como fazem os leopardos da atualidade, para não serem perturbados por hienas ou leões.

– *Eles andavam com as ferramentas e as utilizavam na hora certa?*

– As pedras próprias para o entalhe de ferramentas, como certos tipos de sílex ou de basalto, não se encontram em todos os lugares. Eles formavam expedições, como em Lokalelei, às margens do Lago Turkana, no Quênia. Um grupo de pequenos homens ou parantropos – não se sabe – andou quilômetros para chegar a esse local, onde foram descobertos dezenas de ateliês de entalhe. Enquanto os mais capacitados entalhavam centenas de ferramentas, os outros se ocupavam do lanche, como ovos de avestruz. Depois eles voltavam, levando consigo uma parte das ferramentas e deixando outras. Eles deviam ter sacos ou alforjes. Depois disso, arrumavam esconderijos para as ferramentas em seus territórios, reservas, e, assim que avistavam uma carcaça, iam buscá-la para cortá-la.

– *Estranho eles serem tão organizados! Estou impressionado!*

– Exatamente, e eles não eram muito maiores que você e tinham um cérebro duas vezes menor, porém bem-feito. As assimetrias entre os dois hemisférios são marcadas e, do lado esquerdo, notam-se áreas de linguagem desenvolvidas. Isso não quer dizer que eles falavam como nós, mas podiam trocar informações a respeito dos lugares, do tempo, das obrigações, tantas coisas necessárias em uma organização social complexa. Mais uma vez, tudo está ligado, pois fabricar uma ferramenta e construir uma frase se concebe da mesma forma no nível do cérebro. Graças às várias ferramentas deixadas em Lokalelei e em outros lugares, os historiadores puderam reconstituir a série de gestos necessários para sua fabricação – uma operação em cadeia – e eles eram destros.

– *E não havia canhotos?*

– Desde Lokalelei até o torneio de tênis de Roland Garros, sempre houve canhotos, mas não muitos. A lateralização, essa especialização que consiste em utilizar um lado mais que o outro para executar tarefas ou movimentos mais complexos, também existe nos grandes macacos. Para ações simples ou habituais, mobilizamos indiferentemente os dois lados; mas quando se exigem precisão, atenção, educação, aprendizado, preferimos um lado, sendo mais frequente o lado direito, guiado pelo lado esquerdo do cérebro.

– *Então quem inventou essas ferramentas e para quê?*

– A observação de vestígios da utilização dessas ferramentas no microscópio eletrônico indica que elas eram usadas em materiais animais e vegetais. O fato de não haver dúvidas de que esses "pequenos homens" desenvolveram essas ferramentas e técnicas não quer dizer que eles foram seus inventores, menos ainda que os machos iam para a caça.

– *Você adora derrubar um clichê!*

– Não, eu detesto arcaísmos machistas que alegam que tudo foi inventado pelos homens – os machos – que eram tão inventivos quanto corajosos, que partiam orgulhosamente para a caça e traziam a carne para suas pequenas fêmeas tolas e frágeis, que ficavam gentilmente no acampamento. Os historiadores alegam que a divisão das tarefas – o homem caçador de carne e a mulher colhedora de alimentos vegetais – vem dessa época. Se não restam dúvidas de que a partir desse momento a carne representa um suporte substancial na dieta alimentar – principalmente durante as estações secas –, os alimentos vegetais ainda compõem a parte mais importante.

– *Onde vivia todo esse pequeno povo?*

– Os parantropos e os "primeiros homens" são conhecidos no leste e no sul da África a partir de 2,5 milhões de anos atrás; os primeiros desenvolveram-se há cerca de 1 milhão de anos e os outros um pouco mais cedo, por volta de 1,5 milhão de anos.

– *Por quê?*

– Por causa da chegada dos "verdadeiros" homens, os *Homo ergaster*!

## III. A evolução do gênero *Homo*

– *De onde eles vêm?*

– Eles são chamados de "recém-chegados", pois, durante muito tempo, teve-se a impressão de que surgiram repentinamente na cena africana de nossa evolução. Nos anos 1970, foram encontrados crânios magníficos no Quênia, que prefiguraram o que viemos a chamar de *Homo ergaster*: o "homem artesão". Ele aparenta ser mais "homem" que esses outros pequenos homens dos quais acabamos de falar. Além disso, é o anúncio do fóssil quase completo da criança de Turkana, um belo menino de idade estimada de 10 anos, que media 1,60m!

– *É um paleojogador de basquete!*

– Essa descoberta sacudiu o pequeno mundo da paleoantropologia e levantou a questão do surgimento aparentemente repentino do gênero *Homo*. É aí que voltamos à questão da especiação ou aparição de uma nova espécie.

– *Acho que já ouvi falar de especiação geográfica e equilíbrios pontuados.*

– A especiação geográfica ocorre quando populações de uma mesma espécie são separadas por uma barreira geográfica e evoluem de forma divergente, sendo que, com o passar do tempo, os indivíduos não conseguem mais se reproduzir entre si. Se for uma pequena população que vive na periferia, então ocorre a deriva genética, que pode conduzir ao rápido surgimento de uma nova espécie. Essa é a teoria dos equilíbrios pontuados. O surgimento repentino do *Homo ergaster* corresponde a uma especiação periférica tanto em outros locais quanto no leste da África. Mas em paleoantropologia, a paciência sempre é recompensada, e recentemente foram descobertos fósseis de *Homo habilis* no leste da África com características de *Homo ergaster*. Isso não quer dizer que tudo aconteceu nessa região, mas as origens do gênero *Homo* estão enraizadas nesses "primeiros homens", decididamente muito variáveis.

– *O leste da África ainda continua sendo a região mais conhecida.*

– É uma referência obrigatória. Além disso, essa região oferece uma porta de saída em direção ao Oriente Médio e, mais longe, à Europa e à Ásia. E aí, surpresa, os homens já estavam presentes na Geórgia, em Dmanisi, há 1,7 milhão de anos. O *Homo ergaster* mal havia surgido e já passeava às portas da Eurásia. Por comodidade, esses homens são chamados de *Homo georgicus*, o "homem da Geórgia".

– *Então eles não são* Homo ergaster?

– Esses homens de Dmanisi apresentam características intermediárias entre os "primeiros homens" e os *Homo ergaster*. Você vê algum problema nisso?

– *Ah, sim! As origens do* Homo ergaster *se espalham um pouco por todo lado, não só na África.*

– Em todo caso, testemunha-se algo novo, a aparição do gênero *Homo*, que tem "formigas nas pernas" e pode viver nas savanas abertas, o que abre novos horizontes.

– *Para você, então, os verdadeiros homens ou* Homo *apareceram nesse momento.*

– Digamos que o gênero *Homo* surge entre 1,9 e 1,5 milhão de anos atrás. A partir desse período, as coisas ficam mais claras. Todos os outros homens desaparecem e restam apenas os parantropos, até chegar o seu momento de extinção, há cerca de 1 milhão de anos. Desde então, nossa bela linhagem se reduz apenas ao gênero *Homo*.

– *Por que houve esse declínio?*

– Sempre por causa das mudanças climáticas, provocadas pelos ritmos mais intensos das glaciações. Além disso, o *Homo ergaster*, o gênero *Homo*, começa a tomar espaço.

– *E como ele faz isso?*

– Comecemos pelo seu físico. Ele tem um tamanho grande e seu esqueleto locomotor se assemelha ao nosso, principalmente pelas pernas longas e pés curtos, principalmente no nível dos dedos dos pés, e dois arcos plantares. É a anatomia de um corredor das savanas, pois o homem é uma das raras espécies capazes de andar e correr por longas distâncias.

– *Então agora o homem é um animal de corrida!*

– Não tão rápido, mas resistente! Isso também exige adaptações para liberar o calor muscular produzido durante o esforço. Nossa pele é coberta por pelos finos e glândulas sudoríparas, o que nos permite transpirar.

– *É por isso, então, que nós perdemos nossos pelos!*

– Não, não e não! Nós não perdemos nossos pelos, mas adquirimos outro tipo de pilosidade. Nós temos tantos pelos quanto os chimpanzés, porém eles são mais finos e curtos no conjunto do corpo. Por outro lado, nossos cabelos crescem o tempo todo e temos pelos pubianos.

– *O que são esses pelos?*

– Aqueles que ficam ao redor das nossas partes genitais.

– *Não é nada bonito!*

– É uma questão de moda, gosto e época. Voltando ao *Homo ergaster* e às origens de nossa pilosidade, nós não perdemos nossos pelos, mas adquirimos uma outra pilosidade, o que está relacionado a uma locomoção mais eficiente e à nossa sexualidade.

– *Definitivamente, faz calor nas savanas.*

– A aquisição de nosso bipedismo tão eficiente é acompanhada de uma bacia em forma de tigela, curta e estreita. A distância entre a cabeça do fêmur e o sacro – a parte de baixo da coluna vertebral que se prende entre as duas asas da bacia – diminui, o que favorece uma transferência eficaz do peso do alto do corpo até o fêmur. Assim, desse ponto de vista, está tudo bem, mas o sacro fica muito baixo na bacia e toma espaço, o que causa problemas para as mulheres no momento do parto.

*– Não entendi.*

– Se você olhar a bacia de um grande macaco de cima, o interior é vazio e de forma circular. Isso é chamado de "bacia pequena", e durante o parto é por aí que passa o bebê, que vai sair por trás. Na mulher – e também em Lucy –, a bacia pequena tem um formato de feijão ou de rim por causa da posição baixa do sacro. Então, quando o bebê está ali, ele precisa virar a cabeça – primeiro problema – e depois incliná-la para frente – segundo problema – para sair pela parte da frente da bacia. É por isso que o parto tornou-se tão doloroso para as mulheres.

*– A evolução não é perfeita.*

– De um lado, um bipedismo cada vez mais eficiente e, de outro, um cérebro cada vez maior. Uma seleção dramática acontece durante o período de gravidez: as mulheres que geram bebês com cérebros grandes demais morrem no parto. Isso não se ajusta, pois o tamanho do cérebro continua a aumentar, enquanto o tamanho da bacia não muda, ou muda pouco.

*– Dá pena imaginar uma experiência como essa.*

– A gravidez dura oito meses e meio nos chimpanzés e nos gorilas duas semanas a mais que em nós. Frequentemente lemos que o bebê humano nasce mais frágil e imaturo que os bebês de grandes macacos, o que não é verdade. O pequeno ser humano tem em média mais de 3 quilos no momento do nascimento em comparação a menos de 2 quilos entre os grandes macacos; o mesmo vale para o tamanho do cérebro de um recém-nascido: $400cm^3$ nos humanos e a metade disso nos grandes macacos. O pequeno ser humano é um bebê grande, mais maduro, mas frágil por causa do tamanho do cérebro. Depois do nascimento, o cérebro do pequeno ser humano continua a crescer no mesmo ritmo que crescia dentro do útero da mãe até a idade de 1 ano e dobra de volume. Como o cérebro é o órgão que consome mais energia e tem prioridade sobre o resto do corpo, o pequeno ser humano dorme muito e aparenta ser relativamente menos ativo, de onde vem essa falsa impressão de imaturidade.

– *Ele deve precisar de muitos cuidados e atenção.*

– Ele é amamentado pela mãe, mas a mãe também precisa de assistência. Há duas soluções: ou a mãe conta com a ajuda de sua mãe e de suas irmãs, ou com a ajuda do pai da criança. Em nossa espécie, as mulheres deixam seus grupos familiares para se reproduzir, e elas precisam contar com o engajamento parental dos machos. Nossa espécie tem tendência a ser monogâmica para a educação de um bebê frágil, que exige cuidados e proteção – a despeito de o envolvimento dos pais ser variável –, o tempo de se criar uma criança, às vezes muitas crianças e por toda a vida, outras vezes nenhuma... É aí que intervém nossa sexualidade tão particular. A partir do *Homo ergaster*, todos os períodos da vida – o que é chamado de ontogênese – tornam-se mais longos. Falamos sobre esse período particular logo após o nascimento, então do início da infância, e ele permanece igual até o final da infância com a puberdade. Nessa idade, a anatomia das meninas e dos meninos passa por mudanças consideráveis, que não são encontradas nos outros grandes macacos.

– *O que acontece no momento da puberdade?*

– O corpo das meninas ganha formas como a cintura, que ganha curvas, há o desenvolvimento dos seios, o aparecimento da pilosidade pubiana e a menstruação. Se você olhar os chimpanzés de costas, você não consegue distinguir uma fêmea de um macho adolescente. Conosco é muito diferente, pois a silhueta do corpo da mulher, com o arco dos rins, as nádegas e os seios sempre bem-desenvolvidos, emite muitas mensagens de sedução para os machos. Quanto a estes, eles continuam a crescer, os ombros se desenvolvem, a voz muda, a pilosidade é mais abundante sobre todo o corpo, principalmente no rosto, sem esquecer a pilosidade pubiana, e o tamanho do pênis aumenta. Nossa espécie e, certamente, o gênero *Homo* desde o *Homo ergaster*, distinguem-se por um dimorfismo sexual original que atua mais sobre a forma do corpo que sobre o tamanho, com características sexuais bem visíveis e permanentes.

– *Nossa! E por que tudo isso?*

– Entre os animais em geral, há um período de acasalamento. Quando as fêmeas estão no cio, elas enviam mensagens por meio de comportamentos, gritos e odores, que atraem e excitam os machos. Eles se encontram e tudo se acerta rapidamente. Entre os macacos é mais complicado, já que as fêmeas podem ficar no cio durante todo o ano. Em espécies como os chimpanzés, os babuínos e outras, esse período dura várias semanas, o que lhes possibilita usar o charme e escolher os parceiros, preferindo uns e enganando outros. Em nossa espécie, a sexualidade serve para estabelecer laços afetivos; a expressão "fazer amor" mostra todo esse sentido. A mulher é desejável sempre e pode fazer amor quando quiser. O mesmo vale para os homens. A sexualidade humana apoia-se sobre essa capacidade de formar casais. Criar uma criança demanda muita atenção, e é imprescindível ter um parceiro de confiança. Em todas essas espécies monogâmicas, ou com tendência à monogamia, o cortejo desempenha um papel muito importante. Chamado de cortejo, dança, flerte, corte ou paquera, significa que duas pessoas se aproximam e avaliam as qualidades e as intenções do outro. Se os dois parceiros se agradam, então eles consolidam a relação e não se interessam mais pelos outros, o que pode durar uma vida toda, ou somente o tempo de criar um filho ou vários. A expressão "casal" é inapropriada, concordo, mas ela exprime uma escolha privilegiada durante um período mais ou menos longo, cujos elos se apoiam no prazer de estar juntos ou de ter prazer juntos.

– *Acho tudo isso bem romântico. E começou com o Homo ergaster?*

– Há grandes chances. Para fundar e ditar as regras de uma vida social tão complexa, é necessária uma linguagem complexa, o que parece ser o caso. Para falar nossa linguagem articulada, é preciso concebê-la no cérebro e articular os sons na garganta, na laringe, onde ficam nossas cordas vocais. Vimos que os *Homo habilis* possuíam áreas de linguagem muito desenvolvidas. O *Homo ergaster* é bem maior, e todas as partes de seu corpo são maiores, principalmente o cérebro, que tem entre 750 e 900cm$^3$. Com o aumento do tamanho do cérebro, as áreas de linguagem como o lobo parietal tornam-se relativamente maiores. Ora, essa parte é muito importante para estabelecer relações entre os modos sensoriais de percepção do mundo, sua análise e os diferentes tipos de ação. É um belo exemplo do aparecimento de novas capacidades sem que elas tenham sido selecionadas. O mesmo vale para a articulação dos sons. O *Homo ergaster* é um corredor das savanas, e sua respiração precisa de um fluxo respiratório significativo. É possível que a descida da laringe esteja ligada a essa adaptação. Em todo caso, sabe-se que nele a parte de cima do peito e a garganta eram ricamente inervados, graças ao estudo anatômico do tamanho dos nervos que saem da coluna vertebral. Eles eram capazes de regular a respiração e os sons. O *Homo ergaster* possui requisitos cerebrais e anatômicos para a linguagem articulada.

— *Mas que homem! E o que mais ele inventou?*

— A partir de 1,7 milhão de anos atrás, ele entalha ferramentas simétricas, os bifaces, e logo utiliza o fogo, constrói abrigos e usa corantes, como o ocre. O gênero *Homo* começa a transformar o mundo com suas histórias e ações.

— *É tão antigo assim? Disseram-me que as primeiras lareiras que comprovam o uso do fogo remontam há, aproximadamente, 600 mil anos.*

— Trata-se de lareiras bem-arrumadas encontradas em ambientes organizados. Mas os vestígios mais antigos da utilização do fogo vêm de locais do leste e do sul da África, datados de mais de 1,5 milhão de anos. Vestígios de cabanas construídas com o auxílio de madeiras e pedras também são dessa época. Você deve imaginar que, para deixar o refúgio das árvores e instalar-se perto das margens dos rios, para onde vão tantos animais, incluindo predadores, esses homens precisavam se proteger: cabanas, fogo, cercas com galhos espinhosos.

– *E as cavernas?*

– As entradas das grutas e os abrigos sob as rochas são abrigos naturais, fáceis de encontrar, que os homens também ocupavam nessa época. Dificilmente nos damos conta da importância dessa revolução: graças ao fogo, os homens abrem-se ao espaço da noite, reúnem-se, contam histórias.

– *Mas eu achava que os homens pré-históricos eram uns brutos horríveis.*

– Mais uma vez esses clichês tolos! Os *Homo ergaster* inventavam todos os tipos de ferramentas, incluindo os magníficos bifaces, de formas pontiagudas e bases arredondadas. Visivelmente, há uma procura por simetria e beleza, pela estética. A estética é o que desperta a emoção pela beleza das formas, e há muito disso. A fabricação de um objeto assim se concebe como a linguagem, com um objetivo, uma sequência de gestos, de retoques e, no fim, uma ferramenta que tem uma função e um sentido. A extremidade de uma haste com um cabo faz uma lança assustadora, mas eles podiam obter um efeito igualmente mortal com arpões de madeira afiados e endurecidos no fogo, pois a Idade da Pedra Lascada é, antes de tudo, a "Idade da Madeira", mas esta não se conserva, exceto em condições especiais, como os velhos arpões de 1,4 milhão de anos encontrados no Quênia. Esses homens e mulheres dedicavam o seu tempo para criar belas formas.

– *Você também me falou do ocre.*

– O ocre é um corante natural utilizado no saneamento do solo dos ambientes, na tarefa de tirar a pele dos animais e também no corpo. É muito provável que nossos ancestrais recobriam seus corpos com cinzas misturadas com argila e, por que não, com ocre. Os animais rolavam na lama para se cobrirem de uma camada protetora contra o ataque dos insetos. Desde então, por que se privar de fazer traços com os dedos? São os ancestrais da maquiagem.

– *E os cabelos?*

– Nós somos uma das raríssimas espécies que possuem cabelos que crescem o tempo todo. O tratamento dos cabelos varia entre as culturas e os sexos, mas sem que se saiba de verdade de onde vem essa característica tão extraordinária. Seja como for, o *Homo ergaster* cria os fundamentos da grande aventura humana e inicia um novo tipo de evolução: a coevolução.

– *Você já me falou disso em relação aos macacos e às árvores.*

– Há coevolução no meio das comunidades ecológicas, e ela se apoia na estreita interdependência entre as espécies. Os homens permanecem ligados a essa evolução. A que surge com o *Homo ergaster* diz respeito às interações entre a cultura e a biologia, como a invenção do cozimento. Frequentemente, lemos que o cozimento foi inventado para se comer carne. Ora, a carne crua pode muito bem ser consumida e digerida, desde que esteja macia o suficiente. Não há dúvidas de que seu cozimento a deixa mais macia e melhora o sabor, entretanto, o maior benefício do cozimento para a nossa evolução diz respeito aos alimentos vegetais, não às frutas, mas às leguminosas, principalmente as partes subterrâneas das plantas. Você já tentou comer uma batata crua?

– *Não deve ser muito bom!*

– Nem para a mastigação, nem para o sabor, nem para a digestão: é muito pesado! Uma vez cozida, é outra coisa. Vimos que nossos ancestrais consumiam de forma abundante essas partes subterrâneas das plantas, mas tinham de mastigar com firmeza, e a digestão devia ser trabalhosa, principalmente por causa do amido. Com o cozimento, é uma maravilha. A mastigação é mais suave, o sabor é delicado e a digestão é fácil. Adivinhe as consequências sobre o nosso corpo!

– *O tamanho da face e dos dentes diminui, e a barriga fica menor.*

– Principalmente os intestinos. Mas você esqueceu o mais importante: o tamanho do cérebro aumenta.

– *Ah, é?*

– O cérebro é o órgão do nosso corpo que mais demanda energia. Um quinto da energia do dia a dia levada pelos alimentos em um adulto, a metade em uma criança jovem e três quartos em um recém-nascido. O cérebro não suporta ficar em falta. Após uma refeição, nós ficamos cansados: nosso organismo gasta energia para começar a digestão, e depois ele precisa recuperar mais. É como em um carro: você usa a energia da bateria para fazer funcionar o motor, depois, enquanto roda, você recarrega a bateria. Essa contribuição de energia é importante para digerir tubérculos crus, cuja digestão é mais demorada. Mas, cozido, o amido é digerido facilmente e traz muita energia e açúcar, de que o cérebro necessita. A invenção do cozimento elimina uma exigência energética a respeito da digestão, liberando energia para o desenvolvimento e o funcionamento de um cérebro mais "guloso".

– *Mas a caça e a carne continuam importantes?*

– Sem dúvida. O *Homo ergaster* é um super-predador, e seu grande cérebro permite organizações sociais mais complexas, com indivíduos que se espalham, sozinhos ou em pequenos grupos, ao redor dos abrigos construídos ou arrumados, de acordo com suas atividades, como a procura por matérias-primas para as roupas, as ferramentas e o fogo; talvez atividades mais especializadas conforme o sexo, como a coleta e a caça, depois as trocas, as divisões, as refeições...

– *O que eu acho engraçado é que nós ficamos nos achando o máximo quando cozinhamos.*

– É uma forma de resumir. De maneira mais ampla, o *Homo ergaster* merece o título de homem no sentido estrito não só porque ele é bípede, possui um cérebro grande, caça e usa ferramentas, mas pelo desenvolvimento singular dessas adaptações. Assim começam a aventura humana e a conquista do planeta.

## A expansão do gênero *Homo*; do lado do nascente

– *Isso vai ser simples, pois só resta o gênero Homo.*

– Em um primeiro momento sim, mas há poucos vestígios fósseis – esqueletos – e arqueológicos – ferramentas e vestígios de habitações – entre 1,6 e 0,6 milhão de anos atrás. Estamos na Era Quaternária. É preciso imaginar pequenos grupos de *Homo ergaster* espalhando-se na África e no sul da Eurásia, mais impelidos a migrar devido à alternância das mudanças climáticas que por vontade própria. Eles chegaram muito cedo ao sudoeste da Ásia, pois em Java encontram-se fósseis tão antigos quanto os de Dmanisi, e alguns sítios arqueológicos na China sugerem uma presença por volta de 2 milhões de anos atrás.

– *E na Europa?*

– Com certeza houve incursões, mas não dispomos de vestígios muito exatos de presença humana antes de 1,3 milhão de anos na Espanha, no sul da França e na Itália.

– *Então não se sabe muito bem quem são esses homens e o que eles fazem.*

– Depois do *Homo ergaster*, não se sabe se o gênero *Homo* compreende uma única espécie tão variada quanto dispersa ou se as bases que dão origem às espécies mais recentes já haviam se separado. Comecemos pela Ásia Oriental. Esses homens são chamados de *Homo erectus* ou "homens eretos". Eles são encontrados na Índia, principalmente em Java, na China e alguns na Indochina.

– *Eram eles que tinham grandes saliências acima dos olhos?*

– Sim, a face deles parece robusta com esse relevo acima dos olhos e as maçãs do rosto proeminentes. Esses *Homo erectus* tinham esqueletos muito densos, tanto nos membros como no crânio. Essa massificação se observa em todos os homens conhecidos dessa época. Trata-se mais de um caso de deriva evolutiva do que de adaptação. Contudo, as tendências evolutivas iniciadas pelo *Homo ergaster* são reafirmadas com dentes menores e um cérebro com cerca de $1.000cm^3$.

– *Java é uma ilha. Como eles foram para lá?*

– Durante as eras glaciais, o nível dos mares e dos oceanos baixou várias centenas de metros. Eles foram a pé, na medida em que essas populações foram levadas para o sul pelo frio. Durante as eras interglaciais ocorre o inverso; as populações encontram-se isoladas na ilha e passam por evoluções rápidas por deriva genética. É o caso dos homens de Solo, *Homo erectus* muito evoluídos, com cérebros grandes, mas ainda com ossos sólidos. Devido a todas essas idas e

As origens do homem explicadas para crianças

vindas, a história do povoamento de Java é um verdadeiro quebra-cabeça. As coisas não são menos simples no continente, como na China. Além disso, há os pequenos homens da Ilha de Flores, descobertos recentemente.

— *São aqueles chamados de Hobbits?*

— Foram descobertos recentemente fósseis de pequenos homens com pés grandes na Ilha de Flores, no leste de Java. Eles não ultrapassam a altura de 1m! Parece que se trata de um caso bem conhecido de nanismo insular, mas desta vez com homens. Quando grandes mamíferos se encontram isolados em uma ilha, eles evoluem para tamanhos pequenos. Havia cervos anões na Córsega e em outras ilhas do mundo, hipopótamos anões em Chipre, mamutes anões nas ilhas do norte da Sibéria e estegodontes anões, primos dos elefantes, na Ilha de Flores. Inversamente, pequenos mamíferos tornam-se grandes, principalmente roedores, com tamanhos de cães.

— *Agora mais essa! E sabe-se por quê?*

— Constata-se que nas ilhas a fauna muda de tamanho, mantendo as proporções ou modificando-as muito pouco. Os homens de Flores possuem crânios muito pequenos, com cérebros de menos de 400cm$^3$, como os bonobos atuais! Os ancestrais dos homens de Flores passaram pela mesma evolução que os estegodontes que caçavam, rumo ao nanismo.

– *Quem são os ancestrais deles?*

– Há duas hipóteses: os *Homo erectus* de Java, vindos de um sítio arqueológico de Flores por volta de 800 mil anos atrás, ou os homens mais recentes de nossa espécie *Homo sapiens*. Os pequenos homens de Flores, chamados *Homo floresiensis*, possuem características anatômicas particulares que não facilitam os estudos. Se eles são descendentes dos *Homo erectus* vindos de Java em companhia dos estegodontes, tiveram tempo de evoluir para tamanhos pequenos. Se são descendentes de *Homo sapiens*, a evolução deles foi rápida, o que não é impossível. Os estudos estão em andamento e eu lhe pouparei das controvérsias. Em uma ou outra hipótese, é preciso imaginar uma forma de navegação, pois, ao contrário de Java, nunca foi possível chegar a Flores a pé, no seco, devido às fossas marinhas muito profundas. Então, seja há 800 mil anos ou

100 mil anos, os homens inventaram formas de navegar. Mais longe, em direção ao sol nascente, há outras terras: a Austrália e a Nova Guiné. O único mamífero placentário que foi capaz de atravessar essas barreiras geográficas e ecológicas é o homem.

— *Quem foram os primeiros homens a chegar à Austrália?*

— Os *Homo sapiens*, há mais de 50 mil anos; voltaremos a falar nisso a propósito da expansão de nossa espécie. Por enquanto, essa é a situação conhecida na Ásia antes da chegada de nossa espécie. Voltemos para o oeste.

## IV. Os homens de Neandertal e de Cro-Magnon

— *É lá que encontramos o homem de Neandertal?*

— Exatamente. Dos *Homo ergaster* surge um tronco comum que dará origem aos homens de Neandertal no norte e aos *Homo sapiens* no sul. Eles são chamados de *Homo heidelbergensis*, na Alemanha; *Homo antecessor*, na Espanha; ou ainda *Homo cepranensis*, na Itália. A evolução deles delineia-se com mais precisão a partir de 600 mil anos atrás. Muitos crânios, como o do homem de Tautavel, na França, possuem características que anunciam o homem de Neandertal: uma face que se alonga no nível do nariz, o desaparecimento das maçãs do rosto, uma calota craniana baixa e alongada e um osso occipital saliente na parte de trás do crânio. Os verdadeiros Neandertais aparecem em torno de 120 mil anos atrás, com essa face muito particular e, principalmente, um cérebro enorme, de mais de 1.600cm$^3$, contra menos de 1.400cm$^3$ dos nossos atuais.

– *Nada mal! E como eles eram?*

– Tinham uma silhueta atarracada, um esqueleto bem-estruturado, um tórax profundo e membros relativamente curtos, uma morfologia corporal que limita a perda de calor, porque evoluíram na Europa glacial. São excelentes caçadores, pois em altas latitudes, ou latitudes frias, o principal alimento disponível o ano todo é a carne. (Os povos atuais do Círculo Ártico, como os inuítes ou os esquimós, contam apenas com a caça e a pesca). Os Neandertais abatem principalmente presas de grande e médio porte. Evidentemente, eles apanhavam salmões no momento em que subiam os rios para a desova, pequenas caças ocasionalmente e, durante a estação quente, recolhiam frutas e bagos; as populações que viviam ao norte da Europa tinham dietas mais à base de carne do que as que viviam ao sul.

– *Eles tinham uma linguagem?*

– Claro, primeiro do ponto de vista genético, pois tinham um gene "foxp2" idêntico ao nosso e um cérebro grande, principalmente à luz de suas atividades culturais. Os Neandertais fabricavam ferramentas muito diversificadas: preparavam um bloco de sílex, depois faziam surgir uma lasca com apenas um golpe de percutor, um pequeno martelo de madeira ou osso duro. Eles pensavam na forma da lasca antes de extraí-la do bloco de pedra; havia então a prefiguração do objeto, do conceito, o que certamente exige uma linguagem tão complexa quanto a nossa. De outro lado, eles enterravam seus mortos. É graças a essa prática que nós os conhecemos tão bem, pois quando se depositam os corpos em tumbas, eles se conservam melhor. Se eles tinham rituais e pensamentos a respeito da morte, então, necessariamente, tinham uma linguagem e histórias sobre a vida, a morte e o cosmos.

– *E há quanto tempo os homens enterram os mortos?*

– As tumbas mais antigas datam de 100 mil anos, tanto para o Neandertal quanto para o *Homo sapiens*. Mas a questão mais interessante é: desde quando os homens se preocupam com a vida, a morte, a vida após a morte? Recentemente, meus colegas espanhóis encontraram restos de cerca de trinta indivíduos colocados nas profundezas de uma gruta, em Atapuerca. Eles chamam esse lugar de "poço dos ossos". Os corpos de mulheres, homens e crianças foram transportados por meio de corredores estreitos a uma sepultura coletiva. No meio desses mortos, havia um belo objeto único, um maravilhoso biface talhado em quartzo vermelho e nunca usado.

– *Uma oferenda?*

– Com certeza. Esse salão mortuário data de 300 mil anos. Isso significa que os homens se preocupavam com a vida e a morte bem antes da aparição dos Neandertais e da nossa espécie!

– *Então como se pode alegar que eles não falavam?*

– Isso também me deixa sem palavras. Acabamos admitindo há pouco tempo que eles tinham adornos, como colares feitos com dentes furados, e que utilizavam diversos corantes, incluindo o ocre que encontramos nas tumbas, e principalmente o manganês, de cor preta.

– *Eles deviam ser vaidosos.*

– Imagine maquiagens pretas nesses homens ruivos de pele clara e talvez com olhos azuis.

– *Como você pode afirmar isso? Você não tem fotografias!*

– Há alguns anos, os geneticistas conseguiram tirar o DNA dos ossos dos homens de Neandertal. Recentemente, eles examinaram a parte do genoma que codifica a cor da pele, dos cabelos e dos olhos. Depois de tudo isso, não havia muitas surpresas, pois uma pele clara deixa passar os raios ultravioleta, o que favorece a fabricação de vitamina D, tão importante para o desenvolvimento do nosso corpo.

– *Mais europeu do norte, impossível!*

– A evolução deles se deu na Europa. Eles saíram de lá durante as eras interglaciais indo até a Mongólia, no leste, e o Oriente Médio, no sul.

– *E por que não até a África?*

– Lá, eles enfrentam um grande problema: nós, os *Homo sapiens!*

– *Então eles se encontraram!*

– Claro, sem que se conheça o tipo de relação que tiveram. Quando faz frio, o Neandertal e suas comunidades ecológicas descem em direção ao sul da Europa e ao Oriente Médio; quando faz calor, o Cro-Magnon sobe com suas comunidades ecológicas. Eles se encontram necessariamente no Oriente Médio. Todos fabricam e utilizam as mesmas ferramentas, constroem abrigos semelhantes, caçam e exploram recursos segundo práticas parecidas e enterram seus mortos. Existem diferenças, mas não suficientemente marcadas para que uma espécie supere a outra. Além disso, as tumbas mais antigas, tanto do Neandertal quanto do Cro-Magnon, encontram-se nessa região. É possível falar em "paraespécies".

*– Você quer dizer que são duas espécies diferentes de homens, e que eles não podiam se reproduzir entre si?*

– Uma série de argumentos justifica uma diferença no nível da espécie. Primeiro argumento, efetivamente: as linhagens de Neandertal e de *Homo sapiens* divergem entre 500 mil e 700 mil anos atrás em regiões separadas pelo Mediterrâneo, e suas respectivas evoluções são bem conhecidas. É um bom exemplo de especiação geográfica. Segundo argumento: as características que diferenciam os dois tipos de homens aparecem desde a idade mais jovem, o que quer dizer que eles estão profundamente inseridos em suas genéticas de desenvolvimento. Terceiro argumento, com certeza o mais importante: não há nenhum vestígio de DNA de Neandertal em nosso genoma. O que indica, quarto argumento, que mesmo que tenham existido relações amorosas entre mulheres e homens dessas duas espécies, cada qual conservou suas características. Ora, eles se visitam entre 100 mil e 50 mil anos atrás no Oriente Próximo, o que é tempo suficiente para relações amorosas.

*– É certeza que eles se encontraram?*

– As duas espécies foram contemporâneas durante dezenas de milhares de anos. São homens, o que quer dizer que podiam evitar-se, observar-se, ameaçar-se, criar laços de amizade, combater-se ou amar-se em relações admitidas ou reprovadas. Todos enterram os mortos e encontram-se poucos traços de morte violenta. Mas há alguns exemplos.

– *Tudo isso me parece humano!*

– É preciso imaginar uma única humanidade com pelo menos duas espécies de homens biologicamente diferentes. Nos dias atuais, isso é bem difícil de conceber, pois existe apenas uma espécie de homem sobre a Terra.

– *Mas o que aconteceu?*

## Origens e expansão do *Homo sapiens*

– Os representantes mais antigos de nossa espécie, os *Homo sapiens*, são encontrados no sul da África, no leste e, mais recentemente, no Oriente Médio. Esses fósseis remontam há cerca de 200 mil anos, ou até mais, de acordo com a interpretação de alguns fósseis.

*– Olha a África de novo! A partir de quando o Homo sapiens inicia a conquista do mundo?*

– Há mais de 100 mil anos, em pequenos grupos. E eles vão rápido, a pé, é claro, mas também com embarcações. Nossos ancestrais *Homo sapiens* exploram há 100 mil anos os recursos das costas e se deslocam ao longo delas por cabotagem. Há sítios arqueológicos nas costas do sul da África e na Península Arábica. Há poucas razões para que eles tenham parado lá. Os pequenos homens de Flores talvez sejam oriundos de um grupo desses *Homo sapiens* aventureiros. Outros grupos atracaram na Austrália há 50 mil, ou mesmo 70 mil anos, de acordo com algumas datações que precisam ser confirmadas. E, para chegar à Austrália, é preciso ir além do horizonte, em direção ao desconhecido, e empreender uma navegação longe das costas.

*– E a América? Porque eles bateram Cristóvão Colombo de dez a zero!*

– Foi um pouco mais tarde. Antes disso, voltemos para o oeste. As populações de *Homo sapiens* iniciaram um movimento de expansão mais regular constituído há 50 mil anos. A partir dessa época, a genética histórica serve de apoio para as pesquisas sobre fósseis e arqueologia. Todos concordam em situar as origens de nossa espécie *Homo sapiens* na África por volta de 200 mil anos atrás. Depois, ocorre a expansão do homem moderno, em outras palavras, nós, entre 60 mil e 50 mil anos atrás. Em relação à Europa, fala-se nos homens de Cro-Magnon.

– *Como a genética explica nossa evolução?*

– As populações deslocam-se com seus genes, suas línguas e suas ferramentas, o que constrói uma história. Para reconstituir as origens das populações humanas atuais, é preciso seguir as linhagens genéticas transmitidas somente pelas mulheres ou somente pelos homens. Para as mulheres, é o mtDNA ou DNA das mitocôndrias, pequenas organelas de nossas células que se ocupam da energia, e que é transmitido de mãe para filho. Os geneticistas reconstituíram a árvore filogenética do mtDNA e, quando chegaram aos últimos fragmentos, não acharam nenhum nome melhor além de "Eva mitocondrial". Formidável de um ponto de vista midiático, mas fonte de uma grande confusão. Do lado dos homens, é

As origens do homem explicadas para crianças

a árvore filogenética do DNA do cromossomo Y, o menor dos cromossomos e o que determina o sexo masculino. É claro que o chamam de "Adão cromossômico".

– *É engraçado.*

– Reduzir Adão e Eva a pedaços de DNA é ainda mais curioso. Não encontramos nem a primeira mulher nem o primeiro homem de nossa espécie atual, mas as origens genéticas das populações humanas atuais. A genética e a linguística comparadas propõem árvores de parentesco idênticas que estão, ambas, enraizadas na África. Mais um bom exemplo de "conciliação", pois não existe relação entre os genes e as línguas, essa semelhança é a consequência, assim como para as espécies, de uma história de descendências e modificações.

– *Você quer dizer que os mais de 7 bilhões de humanos dos dias atuais vêm da África?*

– A antropologia genética mostra que todas as populações humanas atuais apresentam uma tênue diversidade genética, o que sustenta as origens recentes, e que o patrimônio genético da humanidade atual está relacionado com uma população de cerca de 60 mil indivíduos que viviam na África há cerca de 50 mil anos. Se nossas origens são africanas, é porque constatamos a maior diversidade genética e linguística nesse continente. Mesmo que a evolução possa acontecer e as populações humanas possam se deslocar rapidamente, é preciso tempo para se chegar a tal diversidade.

*– Entendi. E isso aconteceu há 50 mil anos?*

– As populações de homens modernos deslocam-se em direção ao Oriente Médio, mas sem que possamos seguir com exatidão seus deslocamentos e sem que se conheçam suas relações com os grupos de *Homo sapiens* já instalados. Como são da mesma espécie, a reprodução entre eles é possível, é claro. Isso se complica na imensa Ásia continental. Nossos colegas chineses ressaltam que vários fósseis de *Homo erectus* recentes apresentam características encontradas nos *Homo sapiens* atuais. É possível que nunca tenha havido uma ruptura genética absoluta entre essas populações tão itinerantes em um eixo oeste-leste, e obrigadas a migrar devido às mudanças climáticas no eixo norte-sul. Há debates e, mesmo que o patrimônio das populações da Ásia Oriental provenha em grande parte de populações africanas, isso não exclui hibridizações. Em todo caso, a hipótese de uma substituição rápida de todas as outras populações humanas, sejam elas *Homo sapiens* ou outras, não é nada evidente.

— *Você me disse que havia outras espécies de homens. Então, por definição, há necessariamente uma substituição.*

— Na época em que o homem moderno se estabelece, as outras espécies de homens são periféricas, como os homens de Solo e de Flores. Assim que os homens modernos desembarcam em suas ilhas, a extinção deles é inevitável.

— *Por quê?*

— Porque os homens especializaram-se na procura por melhores fontes de alimento, e elas são menos abundantes nas ilhas. A concorrência acaba por triunfar sobre as outras populações humanas. Em relação ao resto da Ásia, só se pode imaginar uma diversidade complexa de situações de hibridizações e substituições, que em nosso jargão é chamada de "modelos reticulados", em referência às tramas de uma rede ou, mais exatamente, aos galhos de árvores frutíferas que se cruzam sobre um caramanchão e crescem para o alto.

*– E na Europa, com o Neandertal?*

– Entre 10 mil e 50 mil anos atrás, o Neandertal e o Cro-Magnon se cruzam no Oriente Médio, sem que um tenha vantagem sobre o outro. Depois chegam os homens modernos, portadores de novas ferramentas, novas formas de exploração dos recursos e novas organizações sociais. Eles fabricam ferramentas com lâminas de pedra, que são lascas longas e finas, muito diversificadas em suas formas e funções. Graças a essas ferramentas, eles modelam materiais de origem animal, como os ossos, as galhadas dos chifres dos cervos e o marfim. Daí, eles tiram arpões e pontas de lanças. Essas armas de arremesso permitem abater todos os tipos de animais a uma distância maior. Os arpões e lanças comprovam práticas de pesca bem desenvolvidas, sem esquecer as redes e as armadilhas, que não se conservam. Os homens modernos aperfeiçoam as técnicas mais antigas, transformam-nas, usam-nas de forma mais sistemática e também inovam, como em todas essas ferramentas com materiais de origem animal, certamente derivados de ferramentas com madeira, mas bem mais eficazes. Assim, eles vêm da África e do Oriente Médio com sacolas cheias de vantagens.

— *Então eles têm uma vantagem técnica sobre os Neandertais.*

— Para ter vantagem, é importante possuir boas ferramentas, mas principalmente práticas e organizações que as tornem eficazes. Grupos de homens modernos chegam atravessando regiões às margens da costa norte do Mediterrâneo, e outros passando por grandes planícies no centro da Europa, em outras palavras, de um lado e do outro do maciço alpino. É possível imaginar a seguinte cena: um grupo de Cro-Magnon chega, mas os Neandertais estão lá. Os primeiros instalam-se um pouco mais longe. Depois chega a época de mudar, pois os Neandertais, como todos os povos que vivem sob latitudes frias, em grupos de poucos indivíduos, dependem mais da carne para se alimentar e migram mais. O Cro--Magnon aproveita-se disso para se instalar. Suas técnicas de coleta, caça e pesca permitem que ele explore melhor os recursos do meio ambiente e viva em grupos mais sedentários e com produções mais significativas. Quando os Neandertais voltam, eles encontram os Cro-Magnon bem instalados, mais numerosos e mais bem armados. Eles precisam encontrar outro lugar. Com o passar do tempo, a concorrência aumenta, mesmo que as relações entre eles não sejam constantes. Os arqueólogos colocam em evidência as trocas de técnicas entre esses dois tipos de populações, o que é chamado de aculturação. Essa situação dura milhares de anos, entre 38 mil e 30 mil anos. Depois, o declínio dos Neandertais se acentua. Eles frequentam cada vez menos as planícies e as regiões mais propícias para a caça; seus últimos refúgios são regiões de montanhas médias, como o maciço central; o Jura Souabe, no sul da Alemanha e da Áustria; o Piemonte, no norte da Itália; e a Calábria, o salto da bota da Itália. Depois eles desaparecem. Os últimos se mantêm em um refúgio no sul da Espanha. É possível que eles tenham sobrevivido ainda mais um tempo antes de se extinguirem definitivamente, por volta de 25 mil anos atrás.

*– E por que na Espanha, e não em outros lugares?*

As origens do homem explicadas para crianças

– Isso é bem fascinante. Em todos os lugares da Europa, os Neandertais e os Cro--Magnon têm contato, trocas. Não é o caso no sul da Espanha, em uma versão muito antiga da "aldeia de Asterix": eles ainda resistem ao invasor. Mas o isolamento sempre resulta na extinção.

– *Depois do desaparecimento dos últimos Neandertais, resta apenas nossa espécie sobre a Terra.*

– Os últimos Neandertais desaparecem entre 30 mil e 25 mil anos atrás; os homens de Solo, na mesma época; e os pequenos homens de Flores, entre 20 mil e 12 mil anos atrás. Deparamo-nos com o segundo grande paradoxo de nossa história evolutiva.

– *Qual é?*

– O primeiro, você deve se lembrar, se dá entre 2 e 1,5 milhões de anos atrás, com a extinção de todos os ramos de nossa família africana, enquanto o gênero *Homo*, único ramo sobrevivente, espalha-se por três continentes. O segundo paradoxo mostra uma única espécie de homens, o *Homo sapiens*, espalhar-se sobre a Terra enquanto todas as outras se extinguem.

*– Quando eles chegam à América?*

– A genética e a linguística reconhecem três ondas de migrações da Ásia Oriental e da Sibéria. As duas primeiras ondas constituem os ancestrais dos povos ameríndios, e a mais recente, os povos árticos, como os inuítes. O problema é saber: quando? Para a maioria de nossos colegas americanos, tudo ocorreu no final da última glaciação, entre 13 mil e 11 mil anos atrás. Mas foi necessariamente bem antes, certamente por volta de 30 mil anos atrás, pois há sítios arqueológicos datados de mais de 20 mil anos no Alasca, e outros de 12 mil anos no Chile; então, se eles chegam do norte pelo Estreito de Bering, são mesmo rápidos. Sem falar de uma gruta pintada no centro do Brasil com uma datação, ainda que muito contestada, de 50 mil anos.

*– Eles não poderiam ter chegado diretamente de barco, atravessando o Pacífico?*

– Não é impossível, pois recentemente foram encontrados fósseis na América do Sul de frangos parecidos com os da Oceania. De uma forma ampla, sua questão é muito pertinente. Para se passar a pé da Sibéria ao

Alasca, é preciso uma redução do nível dos mares devido a uma glaciação. Mas, uma vez no Alasca, há um grande problema: as geleiras!

*– Mas não há geleiras na Sibéria durante as épocas frias.*

– Não, elas se estendem ao norte da Europa e ao norte da América do Norte. Então, imagine pequenos grupos que chegam ao Alasca e decidem ir para o sul: eles se deparam com uma muralha formidável constituída pelas geleiras das Rochosas e das Laurentianas. Então, imagine um corredor entre essas calotas, o corredor do Labrador. Mesmo se um corredor assim tivesse existido, seriam necessárias muita audácia e falta de discernimento para se lançar entre duas longas muralhas congeladas de várias centenas de quilômetros.

*– Restam os barcos!*

– Não é preciso imaginar grandes navegações, mas cabotagem, tanto é que não faltam ilhas nessa região, como as Aleutianas. Era preciso que os homens soubessem navegar, apenas por cabotagem, para alcançar o Japão e as outras ilhas do Pacífico, e isso há mais de 30 mil anos. Houve muitas viagens marítimas antes do grande Cristóvão Colombo!

## O fim da Pré-História

*– De qualquer forma, eles deviam ser muito numerosos para terem conquistado todos esses territórios.*

– Por mais que seja difícil de avaliar, é a primeira "explosão" demográfica da humanidade. As populações humanas se adaptaram a quase todos os *habitats*, desde o nível do mar até as altitudes e latitudes cada vez mais altas, dos ambientes mais secos e quentes até as estepes congeladas, das florestas úmidas às ilhas mais isoladas. Nenhum mamífero jamais pôde realizar uma aventura assim, a não ser os cães, o primeiro animal domesticado há mais de 11 mil anos, mas em companhia dos homens.

*– Graças a suas técnicas, ao fogo, às roupas...*

– Sem dúvida, mas sempre há a coevolução da cultura e da biologia. Ao se tornarem mais numerosas e itinerantes, as diferentes populações de *Homo sapiens* afirmam suas identidades por suas línguas, seus costumes, seus adornos e sua arte. À diversidade natural resultante das derivas genéticas acrescenta-se a construção de diferenças culturais, o que é chamado de etnia. Para entender isso, é preciso esquecer o tolo clichê de mulheres e homens pré-históricos tão preocupados com a busca do alimento que não tinham tempo para nada, e menos ainda para a oportunidade de criar. Eles eram tão inteligentes e criativos quanto nós.

– *Mas eles não tinham televisão, nem internet, nem avião, nem carro...*

– Não se esqueça do que eu lhe disse, não é a ferramenta que faz o homem, mas o modo como ele a usa. A televisão e seus programas lamentáveis; a internet com os *chats* de baixo nível; o avião para ir a uma praia e passar o tempo mexendo no celular; ou o carro na cidade para se locomover mais devagar que a pé... Eu acho que os inventores geniais dessas tecnologias formidáveis ficariam decepcionados. A inteligência, seja qual for a sociedade, é o modo de viver bem em relação aos outros e o ambiente. Não estou dizendo que a felicidade estava na Pré-História, mas que havia o riso e o choro, a alegria e a tristeza, a beleza e o horror.

*– Falando em beleza, estou impressionado com a arte dessa época.*

– Os homens de Cro-Magnon inventaram todas as formas de arte da humanidade conhecida até a época de Darwin: a dança, o canto, a pintura, a escultura, a música, a gravura, as narrativas... antes da invenção da eletricidade, da fotografia, do cinema e das novas tecnologias.

*– Mas isso só vale para os Homo sapiens?*

– Com o Cro-Magnon fala-se em "explosão simbólica", com o brilhante surgimento das artes em todas as suas formas. Essa explosão simbólica apoia-se em uma longa evolução anterior, que vai além da nossa espécie. Os *Homo ergaster* ou *Homo erectus*, que inventam os bifaces há mais de 1,5 milhão de anos, já possuem ideias a respeito da beleza das formas, a simetria, as preferências por determinadas matérias-primas e materiais. O uso de corantes, como vimos, remonta a mais de 1 milhão de anos. As estatuetas mais antigas datam de várias centenas de milhares de anos. Quanto aos adornos, feitos de conchas de pérolas furadas e revestidas de ocre, são encontrados em toda a África há mais de 100 mil anos.

— *Concordo, mas e as grutas pintadas, elas não são mais recentes?*

— Você tem razão. Mas é preciso entender que essas obras-primas não surgem, como por mágica, dos cérebros dos artistas do final da Pré-História, e que apenas uma parte ínfima chegou até nós. No último decênio do século XX todos ficaram surpresos com a descoberta das pinturas e gravuras nas paredes da caverna de Cosquer, ao lado de Marselha, e da gruta de Chauvet, em Ardèche, datada de 32 mil anos. Ora, nessa época, os homens de Neandertal ainda estavam presentes.

— *Você está querendo dizer que foram os Neandertais que pintaram a gruta de Chauvet?*

— Isso seria divertido. As pinturas, gravuras e o estilo dessa gruta inserem-se em um complexo cultural mais amplo, associado aos homens de Cro-Magnon, chamado Aurignaciano. Mas o Neandertal não era desprovido de representações simbólicas, estéticas e artísticas. A explosão da arte na Europa manifesta-se graças à chegada das populações de Cro-Magnon, mas em outras partes do mundo, outras populações de *Homo sapiens* pintam e gravam, como em Bornéu, na Austrália e na América, com datações que remontam há mais de 50 mil anos. As populações de *Homo sapiens* espalham-se e deixam representações simbólicas nas paredes das falésias e das grutas, sendo as mãos pintadas ou gravadas o motivo mais universal.

– *Existem estilos?*

– Não é preciso muito tempo para reconhecer os cavalos de Lascaux, Pech-Merle, Niaux ou de outros lugares. Não se trata de uma arte figurativa ou fotográfica. São verdadeiros artistas que traduzem suas representações do mundo, seus mitos e crenças por meio de pinturas e gravuras. Eles escolhem apenas algumas espécies dentre todas as que conhecem, mais frequentemente aquelas que caçam. As paisagens são ausentes, como vegetais ou elementos do céu, assim como as cenas de vida dos animais, como a amamentação, os confrontos etc. Trata-se, então, de representações simbólicas do mundo, acompanhadas de grande diversidade de formas geométricas e abstratas.

— *Então eles tinham tempo para todas essas criações!*

— Acabamos de falar a respeito das obras murais, aquelas realizadas nas paredes das cavernas e falésias. Imagine todas as formas de arte móvel, como as estatuetas, as placas, os arpões e os cabos maravilhosamente trabalhados. No apogeu da arte do entalhamento da pedra, no Solutreano, eles fabricam grandes lâminas de obsidiana tão finas e transparentes que nós as chamamos de "folhas de louro". Sua beleza e fragilidade excluem qualquer utilização.

— *Então para que fabricar tais objetos?*

— A busca pela beleza dos gestos, da destreza e dos objetos. Esse mundo do final da Pré-História ganha vida com diferentes civilizações, e os objetos, estatuetas, conchas, o marfim de mamute e as matérias-primas mais preciosas circulam por milhares de quilômetros.

— *Você disse civilizações?*

— Absolutamente, a mais conhecida estende--se das margens do Atlântico até o coração da Sibéria, com Vênus de formas generosas.

Se uma civilização se define por um conjunto de crenças, línguas, símbolos e modos de vida comuns, mas com suas variações, então estamos falando de civilizações. Há outras, em todos os lugares do mundo, mas as civilizações das últimas eras glaciais da Europa e da Ásia nos deixaram muitos testemunhos, graças às grutas, tumbas e condições de conservação dessas obras, realizadas em materiais pouco perecíveis, o que não é o caso com todos os suportes vegetais, como a madeira, principal matéria-prima utilizada em todas as outras civilizações, com muitas formas de arte desaparecidas para sempre.

– *E as roupas deles são conhecidas?*

– Não é fácil de reconstituir; mas você pode esquecer as tristes imagens de homens e mulheres tão feios quanto sujos, os cabelos imundos e cobertos de trapos de peles de animais, que se costuma ver em ilustrações de livros sobre essa época. A agulha de costura existe há mais de 25 mil anos, e isso não significa que antes as roupas de vegetais, cascas e peles não eram tecidas, cortadas, preparadas, fabricadas, pregadas, alfinetadas e acinturadas. Os adornos e corantes são

As origens do homem explicadas para crianças

testemunhas. Embora as representações humanas sejam raras, a estatueta da Dama de Brassempouy tem os cabelos presos em uma rede; as de Ardovo exibem grandes coques; e a Vênus de Lespungue usa uma tanga. Mas deixemos a Pré-História com o que sabemos do esplendor dos corpos enterrados nas tumbas de Sungir, na Ucrânia, datadas de 27 mil anos. Lá, uma mulher, um homem e dois adolescentes foram enterrados com roupas costuradas com milhares de pérolas de marfim de mamute, braceletes também de marfim de mamute, chapéus costurados com uma coroa feita de caninos de raposa polar e oferendas, como duas grandes lanças erigidas em marfim de mamute.

*– Estou fascinado e mal consigo imaginar.*

– Tudo isso é conhecido há décadas. Infelizmente, acho nossa modernidade bem frágil quando se recusa a considerar tudo o que devemos a esses ancestrais magníficos. Como pretendemos construir um belo futuro se persistimos em ignorar e caricaturar todos esses povos de ontem e dos dias atuais, que continuamos a chamar de "primitivos" ou "primevos"? Sem essa bela Pré-História, nós não seríamos o que somos. Há mais de 300 mil anos que os homens se preocupam com os mortos. O que há de mais inútil em sua sobrevivência do que se ocupar dos mortos? Logo, não se trata de sobrevivência, mas de existência. Acreditava-se que somente o *Homo sapiens* se perguntava a respeito da vida e o seu sentido. Parece que fazer perguntas como "Quem somos?" e "De onde viemos?" é próprio do gênero *Homo* há centenas de milhares de anos.

– *E para onde vamos?*

– Essa é a grande questão. Conhecer nossa evolução e, principalmente, a coevolução com as outras espécies e a coevolução entre nossas invenções técnicas e culturais que afetam nossa biologia, é fundamental para construir nosso futuro. Entre nossas "origens comuns" e "nosso futuro para todos", a humanidade está ligada por um destino comum, a respeito do qual podemos decidir, em parte, como será. Isso se chama *hominização*.

– *O que significa?*

– A história da vida não tem um fim. Nós vimos; resta apenas uma única espécie de

As origens do homem explicadas para crianças

homem sobre a Terra, e há pouco tempo. Alguns acreditam que a evolução vinha em nossa direção, pensando que a hominização exprimia um projeto cuja finalidade seria o *Homo sapiens*. Na verdade, a hominização significa que nossa espécie é um pequeno acontecimento improvável na imensidão do cosmos e da história da vida, que ela começa a tomar consciência e que, de agora em diante, é responsável por seu destino. Esse destino não está escrito em lugar nenhum, e cabe a nós decidir. Para isso, é importante saber de onde nós viemos.

SOBRE O LIVRO

*Formato*: 12 x 21 cm
*Mancha*: 19 x 39,5 paicas
*Tipologia*: Iowan Old Style 12/17
*Papel:* Off-white 80 g/m2 (miolo)
Cartão Supremo 250 g/m2 (capa)
*1ª Edição*: 2012

EQUIPE DE REALIZAÇÃO

*Assistência editorial*
Olivia Frade Zambone

*Edição de Texto*
Sâmia Rios (Copidesque)
Gisela Carnicelli (Preparação de texto e revisão)

*Capa*
Estúdio Bogari

*Editoração Eletrônica*
Sergio Gzeschnik